"十四五"普通高等教育本科部委级规划教材

分析测试技术实验及虚拟仿真

冉建华　毕曙光　李　明　郭庆峰　编著

U0241504

中国纺织出版社有限公司

内 容 提 要

本书系统地介绍分析测试技术的基本原理、常用仪器设备和分析方法，并结合虚拟仿真技术进行虚拟仿真实验，介绍了实验操作和数据处理的方法。本书内容共分为14部分，每部分都以某一具体的分析测试技术为主题，内容包括：红外光谱法鉴定高分子材料的结构特征、荧光分析法测定水杨酸含量、生物质废弃物热解特性的热重分析、聚合物的差示扫描量热分析、扫描电镜观测固体样品的微观形貌、透射电镜用于材料的微观结构分析、激光粒度法测定颗粒的粒度分布、原子吸收光谱法测定固体废物中的金属含量、X射线粉末衍射仪测定固体废物的结构、气相色谱法测定固体废物中的有机化合物等。本书将复杂的理论知识转化为简单易懂的文字和图表，通过实例引导读者进行实验操作，同时配以虚拟仿真软件的使用指导，以便读者有效地学习和实践，提高实验技能和数据处理能力。

本书适用于分析测试技术及虚拟仿真相关专业的本科生和研究生，也可作为科研和工程技术人员的参考书籍。

图书在版编目（CIP）数据

分析测试技术实验及虚拟仿真 / 冉建华等编著 . -- 北京：中国纺织出版社有限公司，2024.1
"十四五"普通高等教育本科部委级规划教材
ISBN 978-7-5229-0950-9

Ⅰ.①分… Ⅱ.①冉… Ⅲ.①仪器分析-测试技术-高等学校-教材 Ⅳ.① O657

中国国家版本馆 CIP 数据核字（2023）第 234504 号

责任编辑：宗 静　特约编辑：曹昌虹
责任校对：高 涵　责任印制：王艳丽

中国纺织出版社有限公司出版发行
地址：北京市朝阳区百子湾东里 A407 号楼　邮政编码：100124
销售电话：010—67004422　传真：010—87155801
http://www.c-textilep.com
中国纺织出版社天猫旗舰店
官方微博 http://weibo.com/2119887771
北京通天印刷有限责任公司印刷　各地新华书店经销
2024 年 1 月第 1 版第 1 次印刷
开本：787×1092　1/16　印张：13.75
字数：142 千字　定价：78.00 元

凡购本书，如有缺页、倒页、脱页，由本社图书营销中心调换

随着科技快速发展，分析测试技术已经广泛应用于许多领域，如化学、材料科学、环境保护、生物医学等。因此，掌握和理解分析测试技术对于从事相关工作的人员来说至关重要。本书旨在通过实验和虚拟仿真的方式，帮助读者深入了解各种分析测试方法的原理、操作步骤和数据处理技巧，并能够灵活运用这些知识解决实际问题。

这本书是一本关于分析测试技术的实验和虚拟仿真方面的专业著作。本书基于OBE教育理念的实践教学体系，坚持以教师为主导、学生为主体，教师组织学生协同合作的虚实结合的创新创业教育模式。本书精选了一系列与分析测试相关的实验案例，将虚拟仿真实验与实际操作技能培训相结合，更好地使读者体验和了解实验的全过程和方法，培养并提升创新意识，必将对实验教学的改革与发展起到重要的促进作用。本书中涉及的虚拟仿真软件是由北京欧倍尔软件技术开发有限公司制作。

本书内容共分为14部分，每部分都以某一具体的分析测试技术为主题。我们力求将复杂的理论知识转化为简单易懂的文字和图表，通过实例引导读者进行实验操作，同时配以虚拟仿真软件的使用指导。通过这种方式，读者可以在课堂内外进行有效的学习和实践，提高实验技能和数据处理能力。

本书适用于分析测试技术相关专业的本科生和研究生，也可作为相关专业教师和工程技术人员的参考书。希望本书能够帮助读者更好地理解和应用分析测试技术，提高实验操作和数据分析的能力，为科学研究和工业生产做出贡献。在撰写本书的过程中，我们凭借多年的教学和科研经验，汇总了大量相关领域的研究成果并加以整理。同时，我们也对一些典型的案例进行了详细分析，并提供了相应的数据处理方法和优化建议。我们希望读者在阅读这本书的过程中能够深入理解分析测试技术的原理和应用，培养良好的实验技能和数据处理能力。

本书由冉建华、毕曙光、李明、郭庆峰编著。此外，程德山、颜超、孙磊、闵雪、蔡永双等老师也参与了本书的编写工作。诚挚地感谢所有为本书付出辛勤努力的人员和机构，特别是对我们进行指导和支持的专家、教授和同行。如果没有你们的帮助，这本书将无法面世。衷心地希望这本书能够对广大读者在学习和实践中起到积极的指导作用，推动分析测试技术在各个领域的发展和应用。

冉建华

2023 年 7 月

目录

目录

003

分析测试技术实验及虚拟仿真

第14部分

核磁共振氢谱（^{1}HNMR）及结构鉴定 | 197

第 1 部分
红外光谱法鉴定高分子材料的结构特征

■ 1.1　实验目的

（1）复习对红外图谱的解析，重温红外吸收光谱分析的基本原理。

（2）通过红外吸收光谱的虚拟仿真实验，熟练掌握红外光谱仪的使用方法。

（3）测定不同塑料的红外光谱，并进行比较，了解不同塑料制品的组成。

■ 1.2　实验原理

红外光谱与有机化合物、高分子化合物的结构之间存在密切的关系，它是研究结构与性能关系的基本手段之一。红外光谱分析具有速度快、取样微、灵敏度高并能分析各种状态的样品等特点，广泛应用于高聚物领域，如对高聚物材料的定性定量分析，研究高聚物的序列分布，研究支化程度，研究高聚物的聚集形态结构，高聚物的聚合过程反应和老化机理，还可以对高聚物的力学性能进行研究。

红外光谱，又称分子振动光谱或振转光谱，其光谱区域可进一步细分为近红外区（ $0.75{\sim}2.5\,\mu m$ ）、中红外区（ $2.5{\sim}25\,\mu m$ ）和远红外区（ $25{\sim}1000\,\mu m$ ）。其中最常用的是中红外区，大多数化合物的化学键振动能的跃迁发生在这一区域。

当样品受到频率连续变化的红外光照射时，分子吸收了某些频率的辐射，并由其振动或转动运动引起偶极矩的净变化，产生分子振动和转动能级从基态到激发态的跃迁，使相应于这些吸收区域的透射光强度减弱。记录红外光的百分透射比与波数或波长关系曲线，就得到红外光谱。红外光谱图通常用波长（λ，μm）或波数（σ，cm^{-1}）作为横坐标，表示吸收峰的位置，用透光率（T，%）或者吸光度（A）作为纵坐标，表示吸收强度。

常用塑料品种：聚乙烯（PE）、聚氯乙烯（PVC）、聚苯乙烯（PS）、酚醛（PF）、脲醛（UF）、环氧（EP）、聚酯（PR）、聚氨酯（PU）、聚甲基丙烯酸甲酯（PMMA）、有机硅（SI）等人工合成的高分子化合物，分子结构非常稳定，很难被自然降解。本实验用傅里叶变换红外光谱仪（FT-IR）来测定不同塑料的红外吸收光谱。如图1-1所示为聚苯乙烯的红外光谱。

一些基本结构的振动形式及频率如下：

（1）亚甲基的反对称伸缩振动峰位 σ_{as}=2850cm^{-1}；亚甲基的对称伸缩振动的峰位 σ_s=2920cm^{-1}。

（2）聚苯乙烯亚甲基的对称弯曲振动峰位 δ_s=1465cm^{-1}。

（3）长亚甲基链的面内摇摆振动 $\delta[(CH_2)n$，$n>4]$=720cm^{-1}。

（4）苯环上不饱和碳氢基团伸缩振动 σ（=CH）=3000~3100cm^{-1}。

（5）次甲基的伸缩振动 σ（CH）=2955cm^{-1}。

（6）苯环骨架振动 δ（C=C）=1450~1600cm^{-1}。

（7）苯环上单取代倍频峰 δ（C—H）=1944cm^{-1}；1871cm^{-1}；1749~1800cm^{-1}。

（8）苯环上不饱和碳氢基团的面外弯曲振动 δ（=C—H）=730~770cm^{-1}；690~710cm^{-1}。

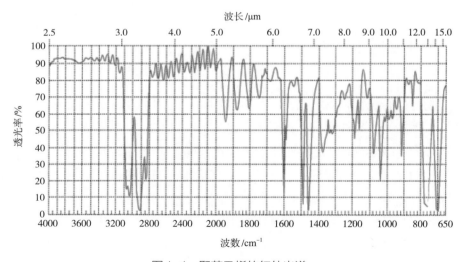

图1-1　聚苯乙烯的红外光谱

1.3 虚拟仿真实验

1.3.1 启动仪器

（1）打开除湿机。鼠标移至除湿机开关位置（图1-2），当鼠标变为手型后，单击开关打开除湿机，仪器的显示屏有红色数值显示。

（2）打开稳压源。鼠标转到稳压源背面开关位置（图1-3），当鼠标变为手型，单击开关打开稳压源，仪器正面表盘有指针示数显示。

图1-2　除湿机开关

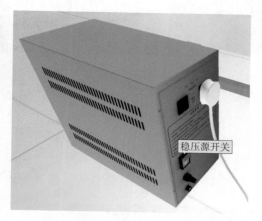

图1-3　稳压源开关

（3）打开红外仪器电源。鼠标旋转视角至红外光谱仪侧面，当鼠标变为手型后，单击仪器开关打开红外光谱仪，仪器的开机指示灯开始闪烁（图1-4）。

（4）打开计算机开关。单击主机电源，打开计算机（图1-5）。

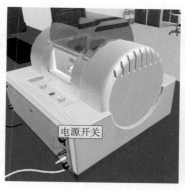

图1-4　红外仪器电源开关

图1-5　打开计算机开关

1.3.2 背景样制备及测试

1.3.2.1 背景样制备（图1-6）

（1）研磨溴化钾背景样。右键单击桌面上的溴化钾样品瓶，弹出操作提示"取样至研钵"，左键单击，溴化钾便由药匙装入研钵中进行研磨（图1-7）。

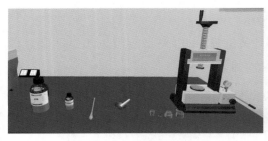

图1-6 背景样制备

图1-7 溴化钾背景样研磨

（2）组装磨具。鼠标指向桌面上的磨具，鼠标变为手型，右键单击弹出操作提示"组装磨具"，单击该命令后，磨具自动组装（图1-8）。

（3）压片。鼠标点到已组装好的磨具上，变手型后右键单击，弹出操作提示"装溴化钾"，单击该命令后，溴化钾从研钵装入磨具中（图1-9）。

图1-8 组装磨具

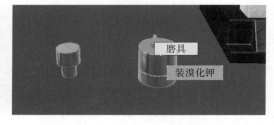

图1-9 装溴化钾至磨具

鼠标再次指向磨具，变手型后右键单击，弹出操作提示"移至压片机"，单击该命令后，磨具放在压片机上（图1-10）。

鼠标指向压片机手轮，变手型右键单击，弹出操作提示"旋紧手轮"，单击该命令后手轮自动旋紧（图1-11）。

鼠标指向压片机手阀，变手型右键单击，弹出操作提示"旋紧手阀"，单击该命令后手阀自动旋紧。

鼠标指向压杆，变手型后，左键单击压杆一次，压杆向下按压一次，压力表（图1-12）示数增加5MPa；多次单击压杆，直至压力达到10MPa左右。

图1-10 磨具移至压片机

图1-11 压片机

图1-12 压力表

最后，鼠标依次指向手阀和手轮，右键单击，按操作提示"旋开手阀""旋开手轮"，单击命令即可。

（4）取片并放入红外仪样品室。鼠标指向压片机上的磨具，变为手型后，右键单击磨具，弹出操作提示"移出压片机"，单击该命令后，磨具放到桌面上（图1-13）。

右键单击桌面上的磨具，弹出操作提示"取出背景片"，单击该命令，背景片从磨具中取出；同时红外仪样品室门打开，背景片装在压片夹上进入样品室待测。

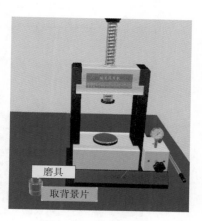

图1-13 移出压片机

1.3.2.2 背景样测试

（1）打开红外仪工作站（图1-14）。单击计算机桌面工作站图标，启动工作站软件，弹出工作站窗口（图1-15）。

图1-14 打开红外仪工作站

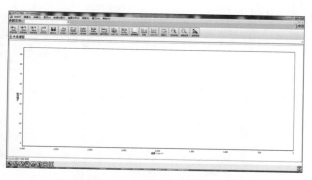

图1-15 打开红外仪工作站窗口

（2）实验设置。单击工具栏窗口命令"实验设置"弹出"实验设置"窗口（图1-16）；在"采集"目录下，设置扫描次数输入"16"，分辨率选择"4"，最终格式选择"%透过率"，背景处理选择"采集样品前采集背景"（图1-17）。单击"确定"，关闭设置窗口。

图1-16　打开实验设置选项

图1-17　设置实验参数

（3）采集背景。单击工具栏窗口命令"采集样品"（图1-18），输入谱图标题，如"苯甲酸测定"（图1-19）。

图1-18　单击采集样品命令

图1-19　输入谱图标题

单击"确定"，弹出准备背景采集提示对话框（图1-20）。

单击"确定"，弹出背景采集窗口，开始背景采集（图1-21）；背景采集完毕，弹出准备样品采集提示窗口。

图1-20　准备背景采集

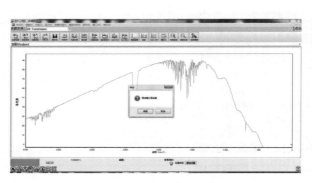

图1-21　开始背景采集

单击"确定",弹出进样提示窗口（图1-22）。

图1-22 弹出进样提示窗口

1.3.3 苯甲酸—溴化钾混合样制备及测试

1.3.3.1 苯甲酸—溴化钾混合样制备

（1）研磨苯甲酸—溴化钾混合样（图1-23）。鼠标指向桌面上的苯甲酸样品瓶，鼠标变成手型后，右键单击，弹出操作提示"取样至研钵"，单击该命令后，苯甲酸样品由药匙装入研体中进行研磨。

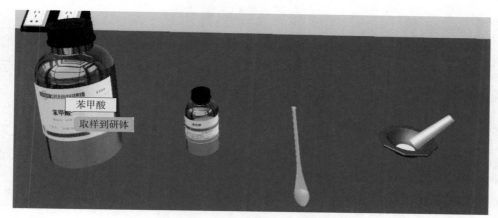

图1-23 研磨苯甲酸—溴化钾混合样

（2）组装磨具（图1-24）。鼠标指向桌面上的磨具，鼠标变为手型，右键单击，弹出操作提示"组装磨具"，单击该命令后，磨具自动组装。

（3）压片。鼠标点到已组装好的磨具上，变手型后右键单击，弹出操作提示"装混合样"，单击该命令后，混合样从研钵装入磨具中（图1-25）。

鼠标再次指向磨具，变手型后右键单击，弹出操作提示"移至压片机"，单击该命令后，磨具放在压片机上（图1-26）。

鼠标指向压片机（图1-27）手轮，变手型右键单击，弹出操作提示"旋紧手轮"，单击该命令后手轮自动旋紧。

鼠标指向压片机手阀，变手型右键单击，弹出操作提示"旋紧手阀"，单击该命令后手阀自动旋紧。

鼠标指向压杆，变手型后，左键单击压杆一次，压杆向下按压一次，压力表（图1-28）示数增加5MPa；多次单击压杆直至压力达到10MPa左右。

图1-24 组装磨具

图1-25 装混合样至磨具

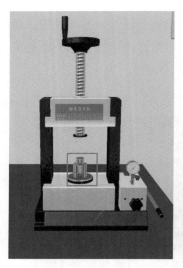

图1-26 磨具移至压片机

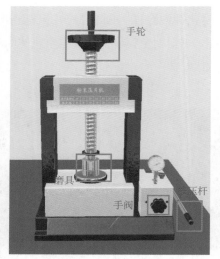

图1-27 压片机

图1-28 压力表

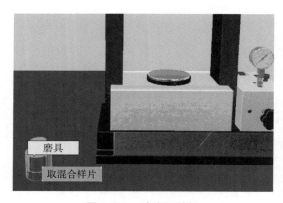

图1-29 移出压片机

最后，鼠标依次指向手阀和手轮，右键单击，按操作提示"旋开手阀""旋开手轮"，单击命令即可。

（4）取片并放入红外仪器样品室。鼠标指向压片机上的磨具，变为手型后，右键单击磨具，弹出操作提示"移出压片机"，单击该命令后，磨具放到桌面上（图1-29）。

右键单击桌面上的磨具，弹出操作

提示"取出混合样片"，单击该命令，混合样片从磨具中取出；同时，红外仪样品室门打开，混合样片装在压片夹上进入样品室待测。

1.3.3.2　苯甲酸—溴化钾混合样测试

（1）样品测试。回到工作站窗口，在准备样品采集提示对话框中单击"确定"（图1-30），弹出样品采集窗口，开始采集样品（图1-31）。

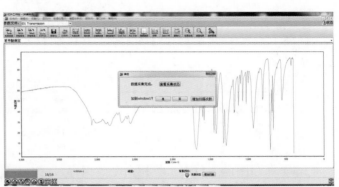

图1-30　准备采集样品　　　　　　　　　　图1-31　采集样品

待样品采集完毕，弹出"是否加载到window1"对话框的提示（图1-32），单击"是"，弹出样品红外图谱，样品采集完成（图1-33）。

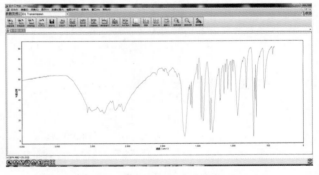

图1-32　数据采集完成　　　　　　　　　　图1-33　样品采集完成

（2）标峰。单击工具栏窗口命令"标峰"（图1-34），出现如图1-35所示的标出峰值的样品图谱。

图1-34　标峰

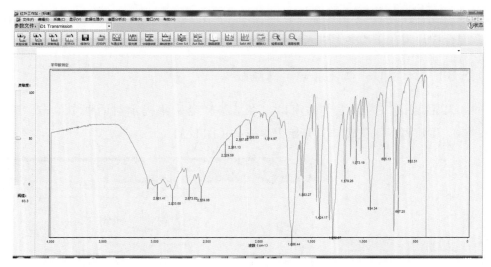

图1-35　标峰完成

（3）保存图谱。单击工具栏命令"保存"，弹出"另存为"对话框，可选保存类型为 .spa/.CSV/.BMP 的数据文件（图1-36）。

图1-36　保存数据文件

1.3.4　关闭仪器

实验完成后关闭仪器和计算机。

1.4 实物实验

1.4.1 仪器和试剂

（1）仪器：傅里叶变换红外光谱仪（FT-IR）。

（2）测试样品：矿泉水瓶、面包包装袋、白色塑料袋、一次性塑料杯、自封袋。

1.4.2 测样

将矿泉水瓶、面包包装袋、白色塑料袋、一次性塑料杯、自封袋等塑料剪成大小适中的薄膜放置在红外光谱仪中，测定样品的红外吸收光谱，需要抠除背景。

（1）打开红外光谱的电源，待其稳定后（30min），把制备好的样品放入样品架，然后放入仪器样品室的固定位置。

（2）按仪器的操作规程测试。运行光谱仪程序，进入操作软件界面设定各种参数，进行测定，具体步骤如下：

①运行程序。

②参数设置。打开参数设置对话框，选取适当方法、测量范围、存盘路径、扫描次数和分辨率。

③测试。参数设置完成后，进行背景扫描，然后将样品固定在样品夹上，放入样品室，开始样品扫描。

④谱图分析。处理文件如基线拉平、曲线平滑、取峰值等。

⑤结果分析。根据被测基团的红外特征吸收谱带，确定该基团的存在。

a.解析红外光谱，要注意吸收峰的位置、强度和峰形。

b.将试样谱图与文献谱图对照或根据所提供的结构信息，初步确定产物的主要官能团。

c.对比不同样品的红外光谱图，鉴定不同种类的高分子材料。

1.5 思考题

（1）阐述红外光谱法的特点和产生红外吸收的条件。

（2）样品的用量对检测精度有无影响？

第 2 部分
荧光分析法测定水杨酸含量

 ## 2.1　实验目的

（1）掌握荧光分析法测定水杨酸含量的原理和方法。

（2）进一步熟悉荧光分光光度计的基本操作。

 ## 2.2　实验原理

邻羟基苯甲酸（也称水杨酸），含有一个能发射荧光的苯环，在pH值为12的碱性溶液和pH值为5.5的近中性溶液中，310nm附近紫外光的激发下会发射荧光；而pH值为5.5的近中性溶液中，邻羟基苯甲酸因羟基与羧基形成分子内氢键，增加了分子刚性而有较强荧光。利用此性质，在pH值为5.5时，测定邻羟基苯甲酸的荧光强度，已有研究表明，水杨酸的浓度在0~12 μg/mL范围内，均与其荧光强度呈良好的线性关系。

2.3 虚拟仿真实验

2.3.1 定性测试

（1）打开仪器右侧开关，正面的两个灯先后依次亮起，时间间隔大约为5s（图2-1）。

单击"样品配置"，进入如图2-2所示界面，根据提示配制标准样品（或根据老师要求配制），点击装样，以桌面上表面皿有液体视为配样成功（图2-2）。

图2-1 打开仪器右侧开关

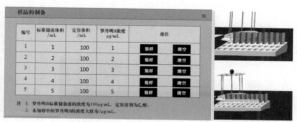

图2-2 配置标准样品

（2）打开计算机电源开关，点击计算机桌面上的工作站图标，启动工作站（图2-3）。工作站进入启动界面（图2-4）。

图2-3 点击工作站图标

图2-4 进入启动界面

（3）待启动完成后，点击上方快捷键，出现弹窗，点击"Open Monitor"（图2-5）。进入链接设备界面，待进度走完以后，显示为"Ready"（图2-6）。

（4）点击右侧一栏快捷键，弹出窗口，在Measurement一栏中选择"Wavelength scan"（图2-7）。

切换至Instrument界面，参数设置如图2-8所示，设置完毕后点击"应用"。

注意：Scan speed尽量不要设置为最大扫描速度，这样对电机有损；狭缝宽度也不要选择过大；PMT电压尽量低于900，过高会损伤其寿命。

图2-5　单击快捷键

图2-6　链接设备界面

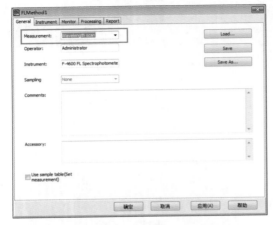

图2-7　选择Measurement

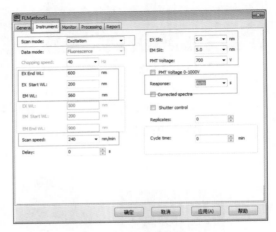

图2-8　设置参数

单击"确定"以后，弹出"FL Solutions"对话框（图2-9），单击"是"，选择保存方法的地址，并输入文件名称。

（5）右键样品室门，出现"打开"命令，单击后，打开（图2-10）。

图2-9　保存方法文件

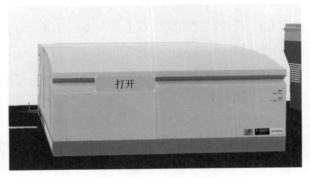

图2-10　打开样品室门

右键单击未知样，出现"准备"命令，单击后拿出，右键单击"清理表面"，开始擦拭比色皿表面（图2-11），然后放入样品室即可。

放入以后请关闭样品室门（图2-12）。

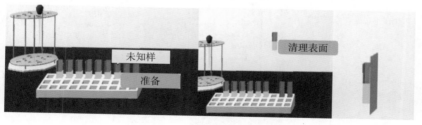

图2-11 清理比色皿表面

图2-12 关闭样品室门

（6）在工作站中，单击快捷键 ▦，开始采集数据。数据采集完成后，得到激发光谱图像（图2-13），根据谱图显示，得到荧光波长约为541nm，关闭此数据分析窗口。

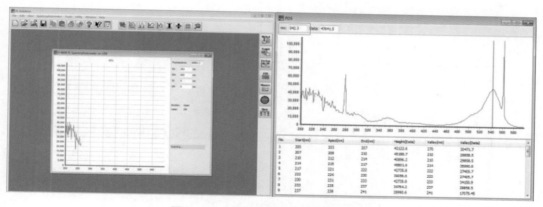

图2-13 采集数据得到激发光谱图像

（7）再次单击Method快捷键，新建另外一个方法文件，Measurement一栏中选择Wavelength scan（图2-14）。

切换至Instrument界面，参数设置如图2-15所示。单击"应用"，再单击"确定"，保存方法文件（图2-15）。

（8）单击Measure，开始测量其荧光光谱，测量完成后，得到谱图如图2-16所示，据图可知，其最强峰值约为562nm。

（9）打开样品室门，取出样品（图2-17），并关上样品室。

图2-14 选择Wavelength scan

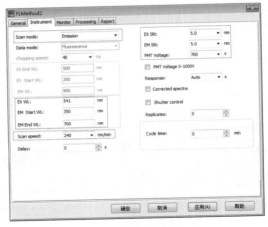

图2-15 保存方法文件

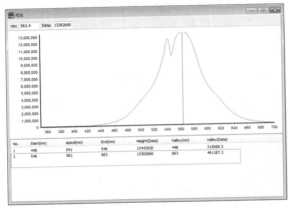

图2-16 测量荧光光谱

图2-17 取出样品

2.3.2 定量测试

（1）再次单击Method快捷键，在弹出的对话框中，Measurement一栏选择"Photometry"。切换至Quantitation界面，参数设置如图2-18所示。

（2）切换至Instrument界面，参数设置如图2-19所示。

（3）切换至Standards界面，在Number of一栏输入"5"，单击"Update"按钮，在Concentration中修改标准样品的含量（图2-20），样品含量要和前面配置的样品一致。单击"应用"，单击"确定"保存方法文件。

（4）将仪器校正样放在样品池中，关上样品室门，如图2-21所示。

在工作站中单击 ，出现定量测试窗口（图2-22）。

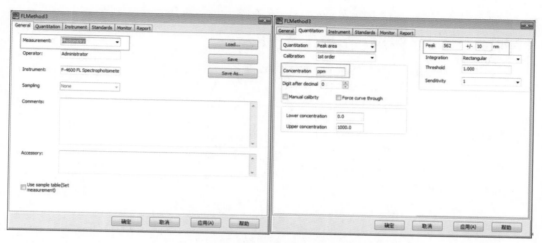

图2-18 设置Quantitation界面参数

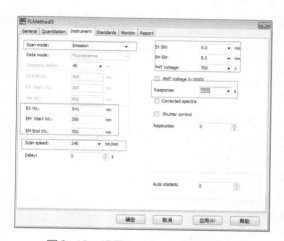

图2-19 设置Instrument界面参数

图2-20 设置样品含量

图2-21 放置仪器校正样

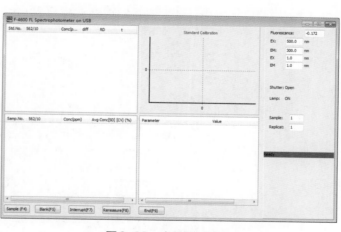

图2-22 定量测试窗口

（5）单击 🖵，开始仪器背景抠除，显示正在扫描；完成后取出仪器校正样，放入空白样，单击 🖵，开始空白样品背景抠除（图2-23）。

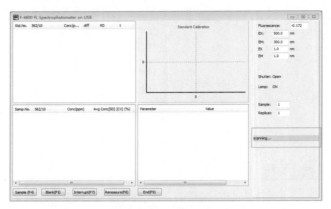

图2-23　抠除空白样品背景

（6）取出空白样，放入标准样品1，单击 🖵，依次出现如图2-24所示的对话框。

图2-24　测量标准样品1

注意：若选择Skip this standard，则直接跳过此样品。

（7）按照提示操作，依次测量完成标准样品1~5的测量即可（图2-25）。

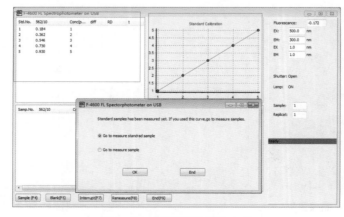

图2-25　测量标准样品1~5

（8）待标准样品测量完毕以后，自动绘制曲线，并弹出对话框，此时选择第二项。若选择第一项，则是重新测试一遍标准样品。

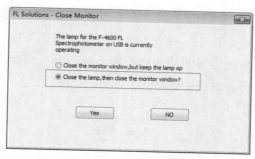

（9）放入未知样，检测完毕后单击END即可。

（10）关闭工作站窗口，弹出对话框，选择第二项（图2-26）。

图2-26　关闭工作站窗口

（11）关闭计算机，取出样品，清空比色皿中的液体。待仪器冷却后，关闭仪器电源。

2.4　实物实验

2.4.1　仪器及试剂

（1）仪器：荧光分光光度计；石英皿；容量瓶；移液管；比色管。

（2）试剂：邻羟基苯甲酸标准溶液［60μg/mL（水溶液）］；HAc-NaAc缓冲溶液（47g NaAc和6g冰醋酸溶于水并稀释，得到pH值为5.5的缓冲溶液）；0.1mol/L NaOH溶液。

2.4.2　实验步骤

（1）邻羟基苯甲酸标准溶液的配制。分别移取0.40mL、0.80mL、1.20mL、1.60mL、2.00mL邻羟基苯甲酸标准溶液于已编号的10mL比色管中，再分别加入1.0mL pH值为5.5的HAc-NaAc缓冲溶液，用去离子水稀释至刻度，摇匀备用。

（2）确定最大发射波长和激发波长。选取邻羟基苯甲酸标准溶液中浓度适中的溶液，来测定其激发光谱和发射光谱。先固定发射波长为400nm，在250~350nm区间进行激发波长扫描，获得溶液的激发光谱和荧光最大激发波长λ_{ex}；再固定最大激发波长λ_{ex}，在350~500nm区间进行发射波长扫描，获得溶液的发射光谱和荧光最大发射波长λ_{em}。

（3）鉴定未知溶液。确定待测样品的pH值，如pH值不在5.5附近，通过加入适量的酸、碱或缓冲溶液调整溶液的pH值为5.5。根据上述激发光谱和发射光谱的扫描结果，在所确定激发波长和发射波长处，测量待测样品的荧光强度。

（4）标准溶液荧光强度的测定。设置上述实验所确定的最大发射波长 λ_{em} 和最大激发波长 λ_{ex}，在此组波长下测定上述各标准系列溶液的荧光强度。以溶液荧光强度为纵坐标，以溶液浓度为横坐标绘制标准曲线。根据所测得的未知溶液的荧光强度在标准曲线上确定邻羟基苯甲酸的浓度。

2.4.3　数据处理

（1）最大发射波长和激发波长的测定记录见表2-1。

表2-1　最大发射波长和激发波长的测定记录

激发波长 λ_{ex}（nm）	发射波长 λ_{em}（m）	荧光强度 F

（2）邻羟基苯甲酸标准溶液和样品荧光强度的测定记录见表2-2。

表2-2　邻羟基苯甲酸标准溶液和样品荧光强度的测定记录

邻羟基苯甲酸标准溶液	1	2	3	4	5	样品
浓度（μg/mL）						
荧光强度						

（3）以各标准溶液的荧光强度为纵坐标，分别以邻羟基苯甲酸的浓度为横坐标作标准曲线。

2.5　思考题

（1）pH值=5.5时，邻羟基苯甲酸（ pKa_1 =3.00， pKa_2 =12.83）和间羟基苯甲酸（ pKa_1 =4.05， pKa_2 =9.85）水溶液中主要存在的酸、碱形式是什么？为什么二者的荧光性质不同？

（2）从本实验中总结出几条影响物质荧光强度的因素。

PART 3

第 3 部分
生物质废弃物热解特性的热重分析

3.1 实验目的

（1）了解生物质在热解过程的基本变化规律。
（2）熟悉综合热分析仪的仪器结构、分析原理及使用。
（3）掌握生物质热解的基本特性。

3.2 实验原理

　　木材和农作物废弃物等生物质的主要成分是纤维素、半纤维素和木质素。热解是生物质气化、燃烧等热化学过程的初始步骤，是在无氧或缺氧环境中进行的释放气、固或液相产物的复杂热化学过程。生物质热解过程可以视作是这三种主要化学成分热解过程的叠加。通过热解过程的热重分析，可以模拟生物质的热解过程，反映出生物质的热解特性。

　　从化学反应的角度对其进行分析，生物质在热解过程中发生了复杂的热化学反应，包括分子键断裂、异构化和小分子聚合等反应。纤维素在52℃时开始热解，随着温度的升高，热解反应速度加快，到350~370℃时，分解为低分子产物，其热解过程为：

$$(C_6H_{10}O_5)n \rightarrow nC_6H_{10}O_5$$

$$C_6H_{10}O_5 \rightarrow H_2O + 2CH_3-CO-CHO$$

$$CH_3-CO-CHO+H_2 \rightarrow CH_3-CO-CH_2OH$$
$$CH_3-CO-CH_2OH+H_2 \rightarrow CH_3-CHOH-CH_2+H_2O$$

半纤维素结构上带有支链，是木材中最不稳定的组分，在225~325℃时分解，比纤维素更易热分解，其热解机理与纤维素相似。

从物质迁移、能量传递的角度对其进行分析，在生物质热解过程中，热量首先传递到颗粒表面，再由表面传递到颗粒内部。热解过程由外至内逐层进行，生物质颗粒被加热的成分迅速裂解成木炭和挥发分。其中，挥发分由可冷凝气体和不可冷凝气体组成，可冷凝气体经过快速冷凝可以得到生物油。一次裂解反应生成生物质炭、一次生物油和不可冷凝气体。在多孔隙生物质颗粒内部的挥发分将进一步裂解，形成不可冷凝气体和热稳定的二次生物油。同时，当挥发分气体离开生物颗粒时，还将穿越周围的气相组分，在这里进一步裂化分解，称为二次裂解反应。生物质热解过程最终形成生物油、不可冷凝气体和半焦炭。

3.3 虚拟仿真实验

3.3.1 启动仪器

（1）检查水浴中加热器、制冷器开关是否处于打开状态（图3-1）。如不小心关闭，应在短时间内打开。

（2）鼠标指向同步热分析仪背面主机电源，指针变为手型，左键单击，打开仪器电源，此时仪器开机指示灯变亮（图3-2）。

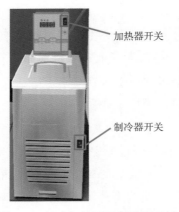

图3-1 检查加热器和制冷器开关

图3-2 打开仪器电源开关

（3）左键单击计算机主机电源，打开计算机（图3-3）。

图3-3　打开计算机开关

3.3.2　打开气体

（1）鼠标指向氮气管路总压阀，如图3-4所示，鼠标指针变为手型，左键单击，弹出压力调节窗口。单击窗口中的"+""–"对总压阀的开度进行调节，控制总压力为10MPa左右。其中，单击"+"表示加大总压阀开度；单击"–"表示减小总压阀开度（图3-5）。

（2）鼠标指向氮气管路分压阀，如图3-6所示，鼠标指针变为手型，左键单击，弹出压力调节窗口。单击窗口中的"+""–"，对分压阀的压力进行调节，控制氮气出口压力约为0.06MPa。其中，单击"+"表示加大输出压力；单击"–"表示减小输出压力（图3-7）。

图3-4　单击总压旋钮

图3-5　调节总压阀的开度

图3-6　单击分压旋钮

图3-7　调节分压阀的压力

3.3.3　样品测定

3.3.3.1　运行工作站

单击计算机屏幕上的图标，打开工作站软件，如图3-8所示。

图3-8　打开工作站软件

3.3.3.2　测量设定

单击测量软件菜单项"文件"→"打开"，选择合适的基线文件，在该窗口中单击"打开"，随后弹出"测量设定"对话框，如图3-9所示。

图3-9　打开基线文件

3.3.3.3　快速设定页面

在"测量类型"中选择"修正+样品"模式（图3-10）；

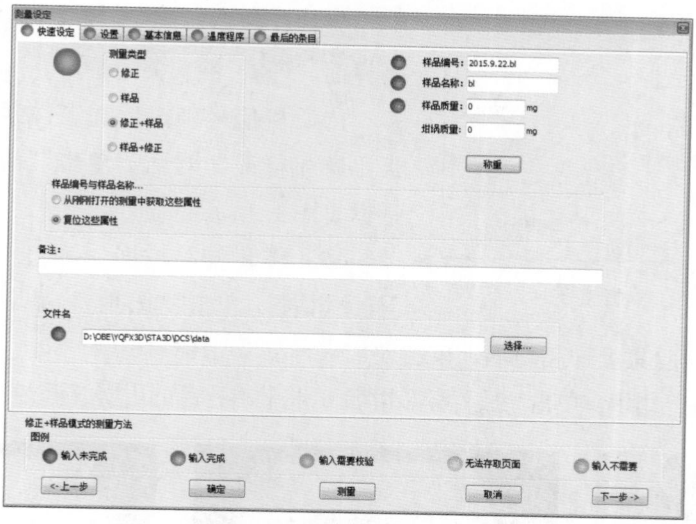

图3-10 "测量设定"对话框

输入样品编号：1#；

输入样品名称：CaC_2O_4—H_2O；

使用内部天平进行称量：单击"称重"按钮，弹出"使用内部天平称量样品"对话框，如图3-11所示。

注意：需等待质量稳定后再单击"清零"。

（1）测量空样品坩埚。先按住仪器右侧"safety"键，同时按住仪器界面"📷"键，抬起炉体。右键单击实验桌上参比坩埚，单击"放置参比坩埚"，将参比坩埚放至支架上（图3-12）。

右键单击实验桌上样品坩埚，单击"放置空样品坩埚"，将空样品坩埚放至支架上（图3-13）。

图3-11 使用内部天平称量样品

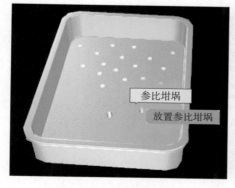

图3-12 放置参比坩埚

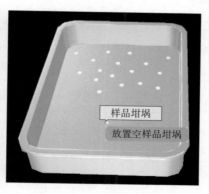

图3-13 放置空样品坩埚

图3-14　单击清零

先按住仪器右侧"safety"键，同时按住仪器界面"👁"键，关闭炉体。

待质量信号稳定后在工作站中"使用内部天平称量样品"对话框单击"清零"后关闭对话框（图3-14）。

（2）测量样品坩埚。抬起炉体，右键单击"样品坩埚"，单击"取回空样品坩埚"（图3-15）。

右键单击实验桌上样品坩埚，单击"加入样品"（图3-16）。

右键单击样品坩埚，单击"放置样品坩埚"，将装有样品的坩埚放至支架上（图3-17）。

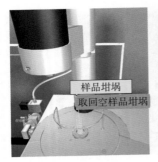

图3-15　取回空样品坩埚

图3-16　加入样品

图3-17　放置样品坩埚

关闭炉体，待质量信号稳定后，在工作站中"使用内部天平称量样品"对话框中单击"保存"，单击"确定"（图3-18）。

（3）保存文件。单击 [选择...]，弹出"另存为"对话框，为测量设定存盘路径与文件名，如图3-19所示。

图3-18　插入样品坩埚并保存

图3-19　保存文件

填写名称：草酸钙1#；单击"保存"；确认其他设置页面；完成"快速设定"页面的设置后，单击"下一步"，首先进入"设置"页面，确认仪器的相关硬件设置（图3-20）。

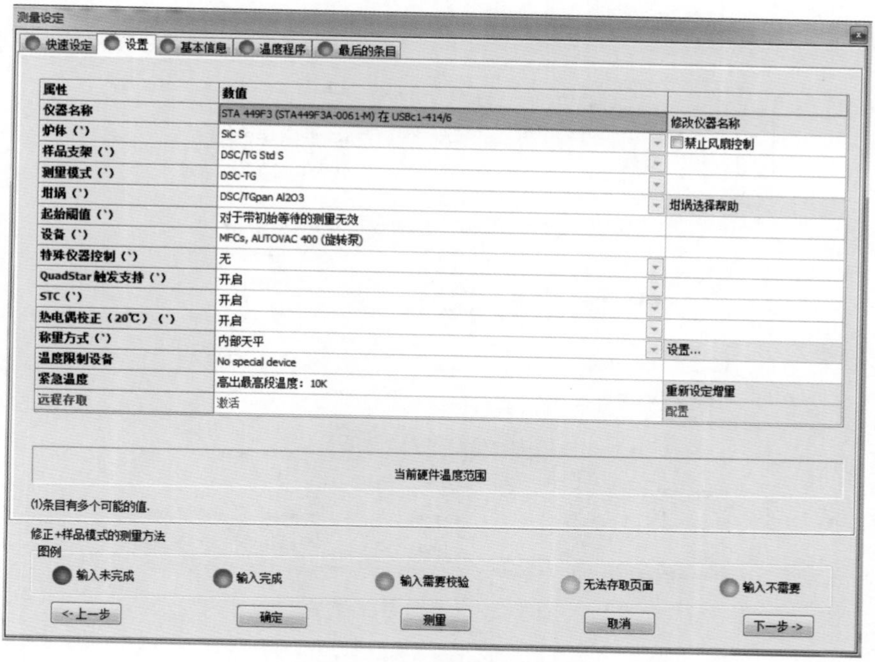

图3-20　设置仪器的相关硬件

再单击"下一步",进入"基本信息"页面,输入实验室、项目、操作者等其他相关信息(图3-21)。

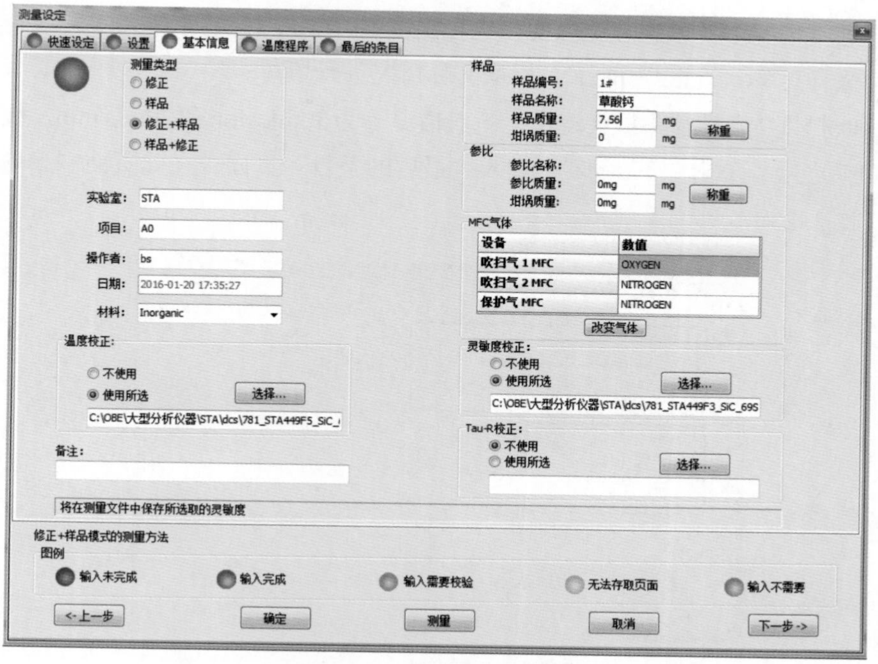

图3-21　设置基本信息

再单击"下一步",进入"温度程序"页面(图3-22)。

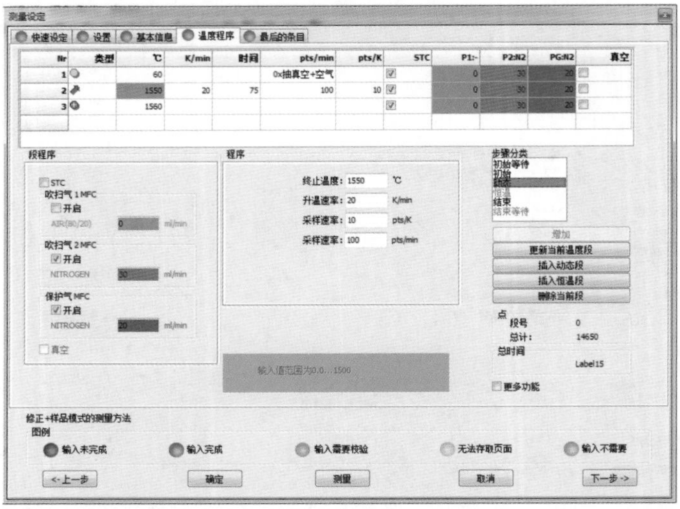

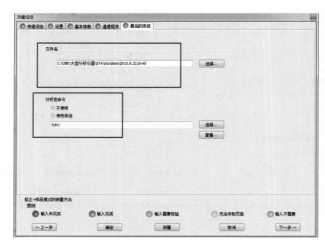

图3-22　设置温度程序

在"修正+样品"模式的测试,一般情况下温度程序均与基线文件相同。如要修改,通常也只能更改动态段的终止温度(如图3-22所示,在最上测的温度程序表格中终止温度1550℃可以更改,但所更改的终止温度必须在基线文件所覆盖的温度范围内,即对于动态升温段而言,样品的终止温度必须低于或等于基线的终止温度)和紧急复位温度,通常情况下,紧急复位温度比终止温度高10℃左右。

填写采样速率pts/min和pts/K,根据实际情况进行填写。

填写吹扫气2流量及保护气流量,一般情况下为30mL/min和20mL/min。温度程序确认或调整之后,单击"下一步",进入"最后的条目"页面,在此页面中,确认存盘文件名(图3-23)。

图3-23　设置文件名

3.3.3.4 测量步骤

完成各页面的设置后,单击"确定";然后单击"测量",直接进入"调整"对话框,开始测量(图3-24)。

单击"初始化工作条件",将各参数调整到"温度程序"窗口设置的"初始"段的设定值。

随后单击"诊断"菜单下的"炉体温度"与"查看信号",调出相应的显示框(图3-25)。

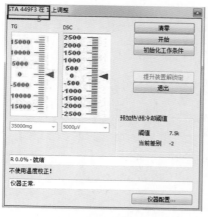

图3-24 "调整"对话框

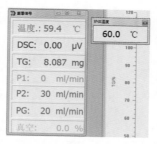

图3-25 查看信号与炉体温度显示框

观察仪器状态满足如下条件:

(1)炉体温度、样品温度相近而稳定,且与设定起始温度相吻合。

(2)气体流量稳定。

(3)TG信号稳定基本无漂移。

(4)DSC信号稳定。

单击"开始按钮"开始测试,测量界面如图3-26所示。

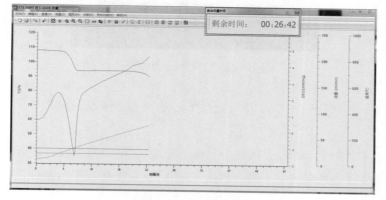

图3-26 测量界面

如果需要提前终止测试，可单击 或者"测量"菜单下的"终止测量"（单击终止按钮，不能降温）。

3.3.3.5　测量完成

测量完成如图3-27所示。

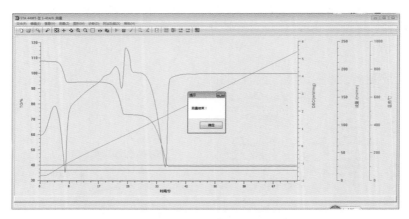

图3-27　测量完成界面

3.3.4　数据处理

（1）单击桌面分析软件图标，将其打开（图3-28）。

图3-28　打开分析软件图标

（2）单击"文件"→"打开"，选择之前测试好的数据文件，单击"打开"（图3-29）。

（3）选中TG曲线，单击工具栏中图标 ，然后拖动两黑线，进行失重平台的标注。先拖动黑线逐个选取失重平台，单击"应用"；三个失重平台都标注完成后，单击"确定"按钮（图3-30）。

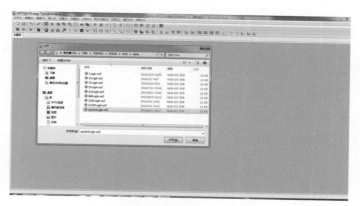

图3-29　打开测试数据

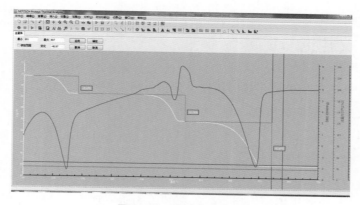

图3-30　标注失重平台

（4）选取DSC曲线，单击工具栏中图标 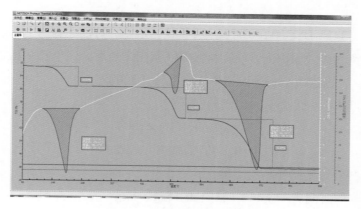，进行峰的综合分析。先拖动黑线逐个选取吸热峰，单击"应用"；三个吸热峰都标注完成后，单击"确定"按钮（图3-31）。

图3-31　进行峰的综合分析

（5）所有分析操作完成后，关闭Proteus Analysis工作站。

3.3.5 关机

（1）待炉温冷却后，抬起炉体，取出样品坩埚。
（2）退出工作站软件，关闭计算机。
（3）关闭同步热分析仪电源。
（4）关闭氮气总压阀、减压阀。

3.4 实物实验

3.4.1 仪器及试剂

（1）仪器：METTLER同步热分析仪、分析天平、粉碎机、筛子、研钵、烧杯。
（2）试剂：苎麻等农林废物、刚玉坩埚、N_2。

3.4.2 生物质粉碎与筛分

将苎麻骨（实验所采用的生物质名称）等生物质分别放入粉碎机中粉碎，并过90目筛筛分，备用。

3.4.3 热解实验内容

采用梅特勒TGA/DSC1/1100同步热分析仪，取筛分好的原料5~10mg，置于热天平坩埚内，通入氮气作为保护气，使物料在氮气氛围内热解，氮气流量为20mL/min（保护气50mL/min），以20℃/min升温速率从室温升至800℃。

样品的失重率ω和转化率χ计算公式如下：

$$\omega=(W_0-W_t)/W_0 \times 100\% \tag{3-1}$$

$$\chi=(W_0-W_t)/(W_0-W_f) \times 100\% \tag{3-2}$$

式中：W_0——热解开始时样品的质量，mg；

W_t——热解时间为t（min）时样品的质量，mg；

W_f——热解终了时样品的质量，mg。

3.4.4 结果与讨论

对实验所得数据进行处理：

（1）绘出生物质热解过程的TG—DTA曲线。

（2）确定生物质热解反应经历的不同阶段。

3.5 思考题

（1）生物质热解有何应用前景？

（2）生物质热解产物可能是什么？

第 4 部分
聚合物的差示扫描量热分析

4.1　实验目的

（1）了解差示扫描量热（DSC）的工作原理及其在聚合物研究中的应用。

（2）了解如何用差示扫描量热法定性和定量分析聚合物的熔点、沸点、玻璃化转变、比热、结晶温度、结晶度、纯度、反应温度、反应热。

4.2　实验原理

差示扫描量热法（Differential Scanning Calorimetry，DSC）是在程序温度控制下，测量试样与参比物之间单位时间内能量差（或功率差）随温度变化的一种技术。它是在差热分析（Differential Thermal Analysis，DTA）的基础上发展而来的一种热分析技术，DSC在定量分析方面比DTA要好，能直接从DSC曲线上峰形面积得到试样的放热量和吸热量。

差示扫描量热仪可分为功率补偿型和热流型两种，两者的最大差别在于结构设计原理上的不同。一般试验条件下，都选用的是功率补偿型差示扫描量热仪。仪器有两个相对独立的测量池，其加热炉中分别装有测试样品和参比物，这两个加热炉具有相同的热容及导热参数，并按相同的温度程序扫描。参比物在所选定的扫描温度范围内不具有任何热效应。因此，在测试的过程中记录下的热效应就是由样品的变化引起的。

当样品发生放热或吸热变化时，系统将自动调整两个加热炉的加热功率，以补偿样品所发生的热量改变，使样品和参比物的温度始终保持相同，使系统始终处于"热零位"状态，这就是功率补偿DSC仪的工作原理，即"热零位平衡"原理，如图4-1所示。

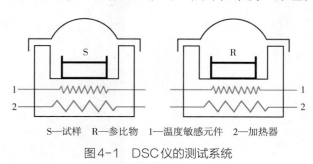

S—试样　R—参比物　1—温度敏感元件　2—加热器

图4-1　DSC仪的测试系统

随着高分子科学的迅速发展，高分子已成为DSC最主要的应用领域之一，当物质发生物理状态的变化（结晶、溶解等）或起化学反应（固化、聚合等），同时会有热学性能（热焓、比热等）的变化，采用DSC测定热学性能的变化，就可以研究物质的物理或化学变化过程。在聚合物研究领域，DSC技术应用得非常广泛，主要有：

（1）研究相转变过程，测定结晶温度T_c、熔点T_m、结晶度X_c、等温、非等温结晶动力学参数。

（2）测定玻璃化温度T_g。

（3）研究固化、交联、氧化、分解、聚合等过程，测定相对应的温度热效应、动力学参数。

例如，研究玻璃化转变过程、结晶过程（包括等温结晶和非等温结晶过程）、熔融过程、共混体系的相容性、固化反应过程等。对于高分子材料的熔融与玻璃化测试，在以相同的升降温速率进行了第一次升温与冷却实验后，再以相同的升温速率进行第二次测试，往往有助于消除历史效应（冷却历史、应力历史、形态历史）对曲线的干扰，并有助于不同样品间的比较（使其拥有相同的热机械历史）。

4.3　虚拟仿真实验

4.3.1　启动仪器

（1）检查水浴中加热器、制冷器开关是否处于打开状态（图4-2）。如不小心关闭应在短时间内打开。

（2）鼠标指向同步热分析仪背面主机电源，指针变为手型，左键单击打开仪器电源，此时仪器开机指示灯变亮（图4-3）。

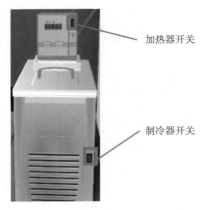

加热器开关

制冷器开关

图4-2　检查加热器和制冷器的开关

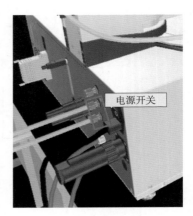

电源开关

图4-3　打开仪器

（3）左键单击计算机主机电源，打开计算机（图4-4）。

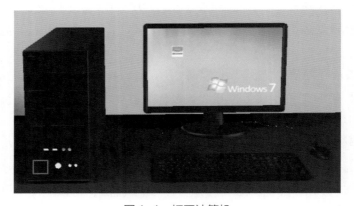

图4-4　打开计算机

4.3.2　打开气体

（1）鼠标指向氮气管路总压阀（图4-5），鼠标指针变为手型，左键单击，弹出压力调节窗口。单击窗口中的"+""−"对总压阀的开度进行调节，控制总压力为10MPa左右。其中单击"+"表示加大总压阀开度；单击"−"表示减小总压阀开度（图4-6）。

（2）鼠标指向氮气管路分压阀，鼠标指针变为手型，左键单击，弹出压力调节窗口（图4-7）。单击窗口中的"+""−"对分压阀的压力进行调节，控制氮气出口压力为0.06MPa左右。其中单击"+"表示加大输出压力；单击"−"表示减小输出压力（图4-8）。

图4-5　单击总压旋钮

图4-6　调节总压阀开度

图4-7　单击分压旋钮

图4-8　调节分压阀压力

4.3.3　样品测定

4.3.3.1　运行工作站

单击计算机屏幕上的图标，打开工作站软件，如图4-9所示。

图4-9　打开工作站软件

4.3.3.2　测量设定

（1）单击测量软件菜单项"文件"→"打开"，选择合适的基线文件，在该窗口中单击"打开"，随后弹出"测量设定"对话框，如图4-10、图4-11所示。

快速设定页面（图4-11）：

在"测量类型"中选择"修正＋样品"模式；

输入样品编号：1#；

输入样品名称：CaC_2O_4—H_2O；

使用内部天平进行称量：单击"称重"按钮，弹出"使用内部天平称量样品"对话框，如图4-12所示。

注意：需等待质量稳定再单击清零。

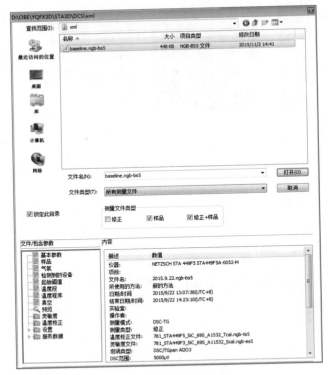

图 4-10　打开基线文件

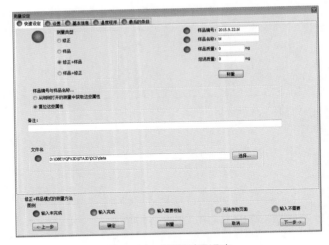

图 4-11　设置测量设定

图 4-12　使用内部天平称量

（2）测量空样品坩埚。先按住仪器右侧"safety"键，同时按住仪器界面键，抬起炉体。右键单击实验桌上参比坩埚，点击"放置参比坩埚"，将参比坩埚放至支架上（图 4-13）。

右键单击实验桌上样品坩埚，点击"放置空样品坩埚"，将空样品坩埚放至支架上（图 4-14）。

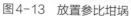

图4-13 放置参比坩埚 　　　　图4-14 放置空样品坩埚

先按住仪器右侧"safety"键，同时按住仪器界面键 　，关闭炉体。待质量信号稳定后在工作站中"使用内部天平称量样品"对话框中单击"清零"，关闭对话框（图4-15）。

（3）测量样品坩埚。抬起炉体，右键单击样品坩埚，单击"取回空样品坩埚"（图4-16）。

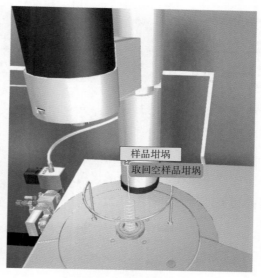

图4-15 插入空坩埚并单击清零 　　　　图4-16 取回空样品坩埚

右键单击实验桌上样品坩埚，单击"加入样品"（图4-17）。

右键单击样品坩埚，单击"放置样品坩埚"，将装有样品的坩埚放至支架上（图4-18）。

关闭炉体，待质量信号稳定后，在工作站中"使用内部天平称量样品"对话框中单击"保存"，再单击"确定"（图4-19）。

（4）保存文件。单击 选择... ，弹出"另存为"对话框，为测量设定存盘路径与文件名，如图4-20所示。

图4-17　加入样品

图4-18　放置样品坩埚

图4-19　单击"保存"并"确定"

图4-20　保存文件

填写名称：草酸钙1#；

单击"保存"；

确认其他设置页面；

完成"快速设定"页面的设置后，单击"下一步"，首先进入"设置"页面，确认仪器的相关硬件设置（图4-21）。

图4-21　确认相关硬件设置

再单击"下一步"，进入"基本信息"页面，输入实验室、项目、操作者等其他相关信息（图4-22）。

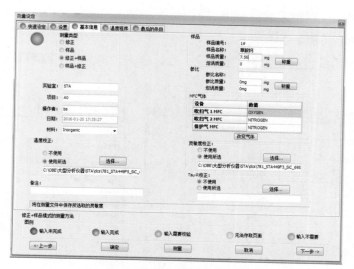

图4-22 设置基本信息

再单击"下一步"，进入"温度程序"页面（图4-23）。

图4-23 温度程序页面

在"修正+样品"模式的测试，一般情况下温度程序均与基线文件相同。如要修改，通常也只能更改动态段的终止温度（如图4-23所示，在最上测的温度程序表格中终止温度1550℃可以更改，但所更改的终止温度必须在基线文件所覆盖的温度范围内，即对于动态升温段而言，样品的终止温度必须低于或等于基线的终止温度）和紧急复位温度，通常情况下，紧急复位温度比终止温度高10℃左右。

填写采样速率pts/min和pts/K，根据实际情况进行填写。

填写吹扫气2流量及保护气流量，一般情况下为30mL/min和20mL/min。

温度程序确认或调整之后，单击"下一步"，进入"最后的条目"页面，在此页面中确认存盘文件名（图4-24）。

完成各页面的设置后，单击"确定"；然后单击"测量"，直接进入"调整"对话框（图4-25）。

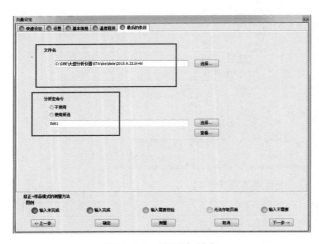

图4-24　设置文件名

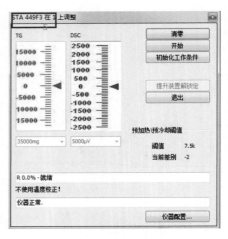

图4-25　调整参数

4.3.3.3　开始测量

单击"初始化工作条件"，将各参数调整到"温度程序"窗口设置的"初始"段的设定值。

随后单击"诊断"菜单下的"炉体温度"与"查看信号"，调出相应的显示框。

观察仪器状态满足如下条件（图4-26）：

（1）炉体温度、样品温度相近而稳定，且与设定起始温度相吻合。

（2）气体流量稳定。

（3）TG信号稳定基本无漂移。

（4）DSC信号稳定。

即可点"开始按钮"开始测量，测量界面如图4-27所示。

如果需要提前终止测试，可单击 ▇ 或者"测量"菜单下的"终止测量"（单击终止按钮，不能降温）。

（5）测量完成（图4-28）。

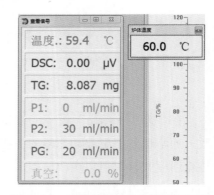

图4-26　查看信号与炉体温度显示框

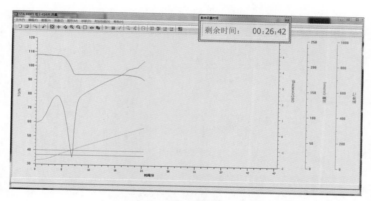

图4-27 开始测量界面

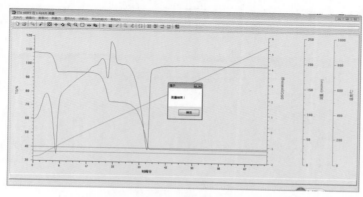

图4-28 测量结束界面

4.3.4 数据处理

（1）单击桌面分析软件图标，将其打开
（图4-29）。

（2）单击"文件"→"打开"，选择之前测
试好的数据文件，单击"打开"（图4-30）。

（3）选中TG曲线，单击工具栏中图标 ⅂，
然后拖动两黑线，进行失重平台的标注。先拖
动黑线逐个选取失重平台，单击"应用"；三
个失重平台都标注完成后，单击"确定"按钮
（图4-31）。

图4-29 打开分析软件图标

（4）选取DSC曲线，单击工具栏中图标 ▦，进行峰的综合分析。先拖动黑线逐个
选取吸热峰，单击"应用"；三个吸热峰都标注完成后，单击"确定"按钮（图4-32）。

（5）所有分析操作完成后，关闭Proteus Analysis工作站。

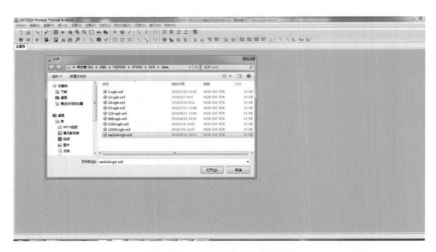

图4-30　打开测试数据文件

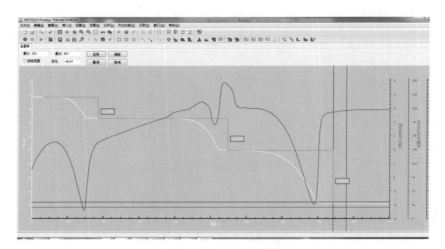

图4-31　标注失重平台

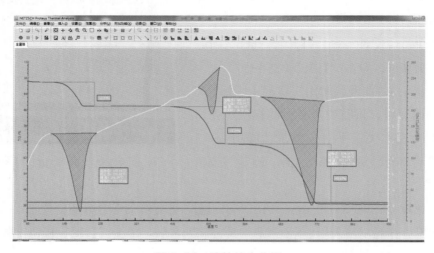

图4-32　峰的综合分析

4.3.5 关机

（1）待炉温冷却后，抬起炉体，取出样品坩埚。
（2）退出工作站软件，关闭计算机。
（3）关闭同步热分析仪电源。
（4）关闭氮气总压阀、减压阀。

4.4 实物实验

4.4.1 仪器与试剂

仪器：差示扫描量热仪、电子天平（精度：0.001g）。
药品：高分子样品、α-Al_2O_3、环氧树脂和铟。

4.4.2 测样

高分子的DSC分析：
（1）开启计算机，预热10min，打开氮气阀门，调节氮气流量。
（2）仪器校正。
（3）设定实验参数。
（4）将试片称重，放在铝坩埚中，加盖压成碟型。
（5）另外取一个装α-Al_2O_3压成碟型的空样品盘，作为标准物。
（6）将待测物和标准物放入DSC中，盖上盖子和玻璃罩，开始加热，并用计算机绘制图形。
（7）在结束加热后，打开玻璃罩跟盖子，将冷却附件盖上去，待其大约冷却至室温后，再移开冷却附件，进行下一组实验。
（8）不使用仪器时正常关机顺序依次为：关闭软件、退出操作系统、关闭计算机主机、显示器、仪器控制器、测量单元、机械冷却单元。
（9）关闭使用氮气瓶的高压总阀，低压阀可不必关。

4.5　思考题

（1）对于高分子材料的玻璃化测试，为什么要进行第二次升温？

（2）讨论可能产生误差的原因。

（3）讨论影响实验结果的因素。

第 5 部分

扫描电镜观测固体样品的微观形貌

5.1 实验目的

（1）学习扫描电子显微镜的基本构造和原理。
（2）通过实际分析，明确扫描电子显微镜的用途。

5.2 实验原理

扫描电镜原理是由电子枪发射并经过聚焦的电子束在样品表面扫描、激发样品产生各种物理信号，经过检测、视频放大和信号处理，在荧光屏上获得能反映样品表面各种特征的扫描图像。扫描电镜由下列五部分组成（图5-1），主要作用简介如下。

5.2.1 电子光学系统

电子光学系统由电子枪、电磁透镜、光阑、样品室等部件组成。为了获得较高的信号强度和扫描像，由电子枪发射的扫描电子束应具有较高的亮度和尽可能小的束斑直径。常用的电子枪有三种形式：普通热阴极三极电子枪、六硼化镧阴极电子枪和场发射电子枪。前两种属于热发射电子枪，后一种则属于冷发射电子枪，也叫场发射电子枪，其亮度最高、电子源直径最小，是高分辨率扫描电镜的理想电子源。电磁透镜

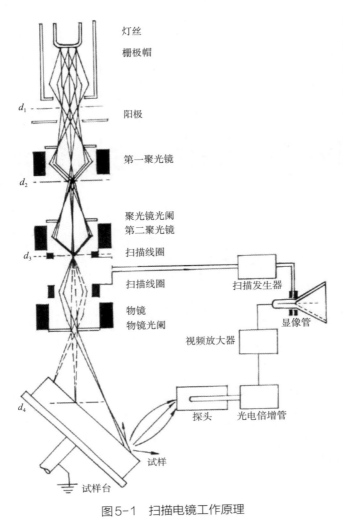

灯丝

栅极帽

d_1　　　　　　　　　　　　阳极

第一聚光镜

d_2

聚光镜光阑
第二聚光镜

d_3　　　　　　　　　　扫描线圈　　　　　扫描发生器

扫描线圈

物镜
物镜光阑　　　　　　　　　　　　　　显像管

视频放大器

d_4

探头　　　光电倍增管

试样

试样台

图5-1　扫描电镜工作原理

的功能是把电子枪的束斑逐级聚焦缩小，因照射到样品上的电子束斑越小，其分辨率就越高。扫描电镜通常有三个磁透镜，前两个是强透镜，缩小束斑，第三个透镜是弱透镜，焦距长，便于在样品室和聚光镜之间装入各种信号探测器。为了降低电子束的发散程度，每级磁透镜都装有光阑；为了消除像散，装有消像散器。样品室中有样品台和信号探测器，样品台还能使样品做平移、倾斜、转动等运动。

5.2.2　扫描系统

扫描系统的作用是提供入射电子束以及阴极射线管电子束在荧光屏上的同步扫描信号。

5.2.3　信号检测、放大系统

样品在入射电子作用下会产生各种物理信号，有二次电子、背散射电子、特征X射线、阴极荧光和透射电子。不同的物理信号要用不同类型的检测系统。它大致可分为三大类，即电子检测器、阴极荧光检测器和X射线检测器。

5.2.4　真空系统

镜筒和样品室处于高真空状态由机械泵和分子涡轮来实现。开机后先由机械泵抽低真空，约20min后由分子涡轮泵抽真空，约几分钟后就能达到高真空度。此时才能放试样进行测试，在放试样或更换灯丝时，阀门会将镜筒部分、电子枪室和样品室分别分隔开，保持镜筒部分真空不被破坏。

5.3 虚拟仿真实验

5.3.1 样品制备

5.3.1.1 超声过程

（1）右键单击实验桌上泡沫中的离心管1，单击下拉菜单"装试样试剂"（图5-2）。

（2）右键单击实验桌上离心管2，单击下拉菜单"放铜片试剂"（图5-3）。

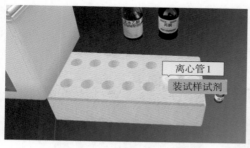

图5-2 装试样试剂

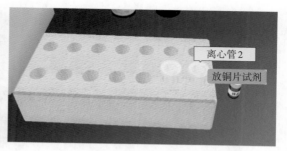

图5-3 放铜片试剂

（3）右键单击泡沫，单击"放入超声仪"，下拉菜单，将泡沫放入超声仪，准备超声（图5-4）。

（4）单击超声仪电源开关，开启超声仪（图5-5）。

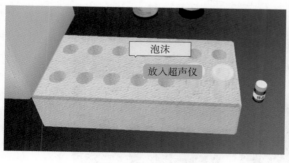

图5-4 放入超声仪

图5-5 开启超声仪电源

（5）单击超声按钮，开始超声（图5-6）。

（6）超声结束后（时间显示为0），单击电源按钮。关闭超声仪电源。右键单击超声仪盖子，单击"取出离心管"下拉菜单，将离心管取出（图5-7）。

图5-6　开始超声　　　　　　　　图5-7　取出离心管

5.3.1.2　粘贴试样

（1）右键单击离心管2，单击下拉菜单"取出铜片"，铜片由镊子夹至表面皿中（图5-8）。

（2）右键单击表面皿中铜片，单击下拉菜单"滴入试样"，将离心管1中试样滴至铜片表面（图5-9）。

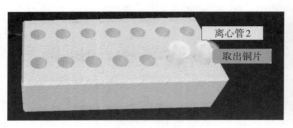

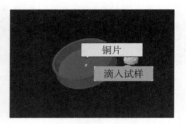

图5-8　取出铜片　　　　　　　　图5-9　滴入试样

（3）此时需等待试样干燥完全（图5-10），当显示"试样已干燥完全"提示时（图5-11），可进行下一操作。

图5-10　等待试样干燥　　　　　　图5-11　试样干燥完全

（4）右键单击实验桌上样品台，单击下拉菜单"粘导电胶"（图5-12）。

（5）粘完导电胶后，右键单击样品台，单击下拉菜单"粘贴试样"，将铜片夹至样品台上粘导电胶处，并压紧（图5-13）。

（6）粘贴试样后，右键单击样品台，单击下拉菜单"吹扫"，用洗耳球吹扫铜片表面（图5-14）。

图5-12　粘导电胶

图5-13　粘贴试样

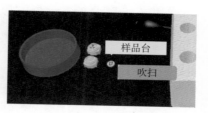

图5-14　吹扫铜片表面

5.3.2　喷金过程

（1）吹扫试样后，右键单击样品台，单键单击下拉菜单"放入喷金仪"，准备进行喷金操作（图5-15）。

图5-15　放入喷金仪

（2）样品台放入喷金仪后，单击喷金仪开关，打开喷金仪电源（图5-16）。

（3）至表中数值第一次降至10以下时，单击"START"按钮（图5-17）。

（4）当左侧指示灯切换至"sec"，右侧START指示灯变为常亮时，喷金前抽真空过程结束，开始喷金过程（图5-18）。

（5）当屏幕中数字降至0，同时喷金仪罩中红光消失后，意为喷金过程结束。此时再次单击喷金仪开关，关闭喷金仪电源。右键单击喷金仪罩，单击下拉菜单"固定至样品座"，将样品台取出并固定至样品座（图5-19）。

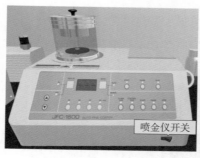

图5-16　打开喷金仪

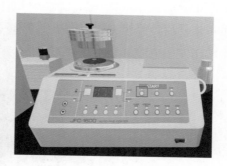

图5-17　单击START按钮

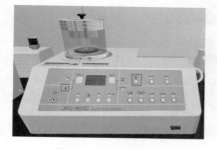

图5-18　开始喷金

图5-19　取出样品台并固定至样品座

5.3.3 仪器开机

5.3.3.1 实验前检查

（1）检查循环水开关是否开启（图5-20）。

（2）检查稳压电源是否开启（图5-21）。

（3）检查氮气阀门是否开启（图5-22）。

（4）检查总电源开关和真空系统开关是否处于开启状态（图5-23）。

图5-20　检查循环水开关

图5-21　检查稳压电源开关

图5-22　检查氮气阀门

图5-23　检查总电源和真空系统开关

5.3.3.2 仪器开机

（1）单击开启操作台总开关（图5-24）。

（2）单击开启计算机主机电源（图5-25）。

（3）单击左侧电脑屏幕上工作站图标，打开"SEM工作站"（图5-26、图5-27）。

图5-24　开启操作台总开关

图5-25　开启计算机主机电源

图5-26　打开SEM工作站

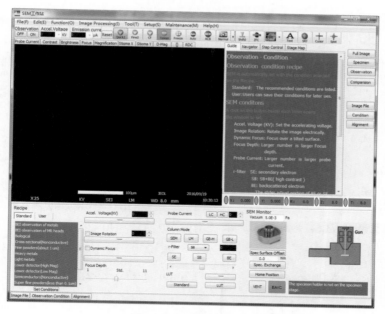

图5-27 SEM工作站

5.3.4 进样观察

5.3.4.1 装载试样

（1）单击工作站中的 [Home Position]；或者单击交换室操作台中的按钮 ，确保样品交换台在交换位置。

图5-28 打开舱门

（2）单击工作站中的图标 ，在弹出的提示窗口单击"OK"；或者单击交换室操作台中的按钮 ，开始抽真空。单击后"VENT"键开始闪烁，至抽真空完毕后转为常亮 。

（3）右键单击舱门锁扣，单击下拉菜单"打开舱门"（图5-28）。

（4）右键单击交换室内铁盘，单击下拉菜单"放入样品座"（图5-29）。

（5）右键单击舱门锁扣，单击"关闭舱门"（图5-30）。

图5-29 放入样品座

图5-30 关闭舱门

图5-31 载入样品

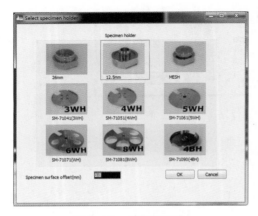

图5-32 选择样品座

（6）单击工作站中的 <kbd>EAVC</kbd>，在弹出的对话框中单击"OK"；或者单击交换室操作台中的按钮 <kbd>EVAC</kbd>，该按钮开始闪烁，待闪烁停止后变为常亮，此时交换室抽真空完毕。

（7）右键单击进样杆，单击下拉菜单"载入样品"（图5-31）。单击后进样杆移至水平方向，然后向前推动，使样品座完全进入交换室内。

5.3.4.2　观察形貌

（1）单击工作站中的 <kbd>Spec Surface Offset</kbd>，弹出如图5-32所示窗口。

在窗口中选择实验中用到的样品座"26mm"，单击 <kbd>OK</kbd>。

（2）检查菜单栏Maintenance→GUN窗口中的SIP-1、SIP-2分别小于8.0E-7Pa，Water、N2 Gas、RP、Turbo Molecular Pump、Ion Pump、HT Ready均处在绿色正常运行状态；确认工作站界面上Vacuum的值小于5.0W-4Pa。

（3）单击SEM工作站主界面中的"Observation ON"按钮，加载高速电压。

（4）设置加速电压。单击加速电压设置 <kbd>Accel Voltage</kbd> 中的黑色设置框，可逐渐输入加速电压值2.0KV，具体数值可根据具体情况；亦可单击 <kbd>▼</kbd>，在下拉列表 <kbd>■</kbd> 中选择加速电压值。在设置加速电压值时确保增减幅度小于5KV，避免损坏电子枪。

设置加速电流：单击发射电流设置 <kbd>emission current</kbd> 中的黑色设置框，可输入电流值10μA，最终数值根据具体情况；亦可单击 <kbd>▼</kbd>，在下拉列表 <kbd>■</kbd> 中选择合适的电流值。

Reset处理：在观察过程中，若电流值降低，单击 <kbd>Reset</kbd>，做Reset处理，使电流维持在设定值上。

（5）探针电流设置。<kbd>Probe Current</kbd> <kbd>LC</kbd> <kbd>HC</kbd> <kbd>■</kbd> 中黑色框中设置探针电流7或者8，可根据具体情况而定；也可以单击上下箭头，改变探针电流值。LC状态下探针电流选择范围1~10；HC状态下探针电流选择范围11~15。

（6）确认观察模式是否在"LM"状态下。观察操作台中的MAGNIFICATION是否在 <kbd>LOW MAG</kbd> 状态下，若不是可单击工作站下方 <kbd>X25　2.00 KV　SEI　LM　WD 8.0 mm</kbd> 中的"LM"选择；也可在 <kbd>Column Mode</kbd> 选择观察模式。

如果想调整模式至"SEI"状态下，可单击工作站下方 <kbd>X25　2.00 KV　SEI　LM　WD 8.0 mm</kbd> 中的

"SEI"，选择"SEI"检测模式。

（7）设定工作距离。在 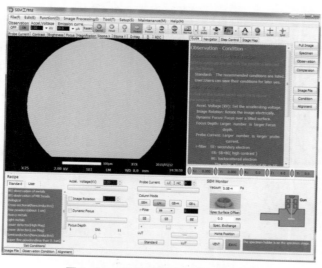 中单击 WD，设置工作距离为8~10mm，在弹出的窗口单击"OK"，数值根据具体情况而定。

（8）单击 红框中的"GUN"按钮，弹起该按钮。待加速电压和电流稳定后，方可进行下一步操作（图5-33）。

图5-33　等待加速电压和电流稳定

（9）单击工作站中的 或者按下操作台中的 。

首先在低倍模式下观察图像（图5-34），滚动鼠标滑轮可放大、缩小窗口中的图像；按下鼠标左键，拖动鼠标，在观察窗口中可拖拽图像，观察试样的不同位置。

滚动鼠标滑轮，放大图像。

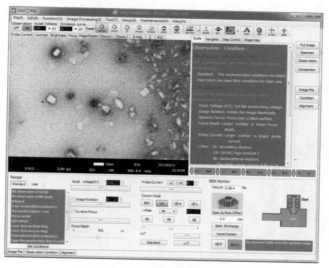

图5-34　在低倍模式下观察图像

（10）转换到高倍模式下观察图像（图5-35）。单击操作台中的 [按钮图] 使该按钮变灰，关闭低倍模式，开启SEM模式。可以使用操作台中的放大旋钮，旋转 [旋钮图] 中的旋钮，逆时针旋转为放大图像，顺时针旋转为缩小图像；也可滑动鼠标滑轮，进行放大图像，重复操作后得到图像。

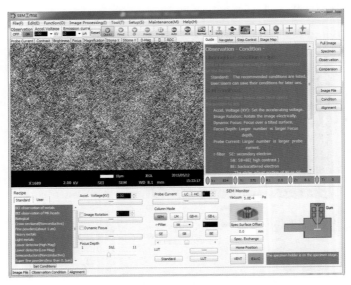

图5-35　转换到高倍模式下观察图像

（11）聚焦。单击工作站中的 [按钮图] 或者按下操作台中的 [按钮图]，开启自动聚焦，图像变清楚，然后关闭自动聚焦。若自动聚焦后未得到清晰图像，则旋转操作台中的聚焦旋钮 [按钮图]，可顺时针、逆时针调节，直至将图像调清楚（图5-36）。

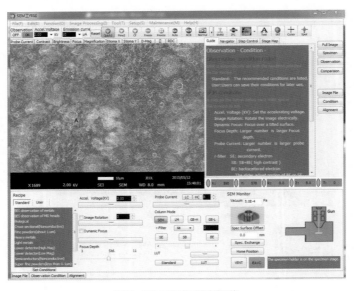

图5-36　聚焦观察图像

（12）旋转操作台上的旋钮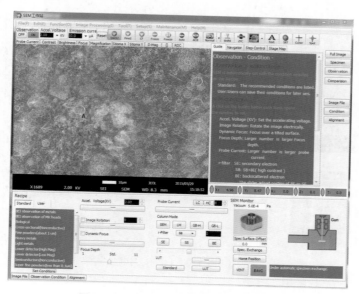，调节图像亮度；旋转操作台上的旋钮，调节对比度，得到如图5-37所示的图像。

图5-37　调节亮度、对比度观察图像

（13）继续放大、移动图像，直至得到如图5-38所示的图像。

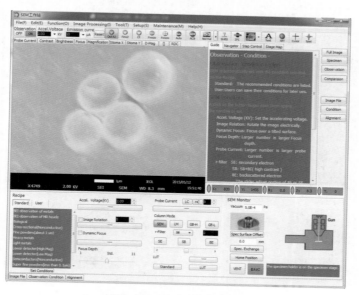

图5-38　放大、移动图像

（14）单击操作台中"WOBB"键，若图像有晃动，则调节下方X、Y旋钮（可顺时针、逆时针调节），使得图像在X、Y方向上均不再晃动，此时单击"WOBB"按钮关闭，调节后得到如图5-39所示图像。

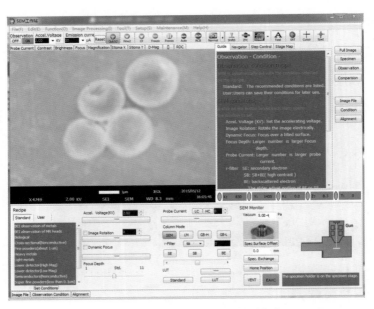

图5-39　调节WOBB按钮得到图像

单击操作台中"STIG"键 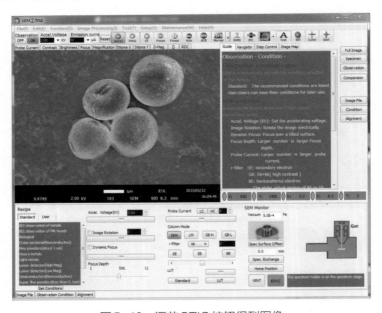 调节图像，调节X、Y旋钮（可顺时针、逆时针调节），直至得到清晰图像，如图5-40所示。

图5-40　调节STIG按钮得到图像

（15）工作站中单击 或者操作台中按下 ，开始扫描图像并拍照（图5-41）。

注意：扫描图像并进行拍照时，扫描模式在FINE VIEW状态。即工作站中 ，操作台中 。观察图像时，一般情况下是在QUICK VIEW状态。

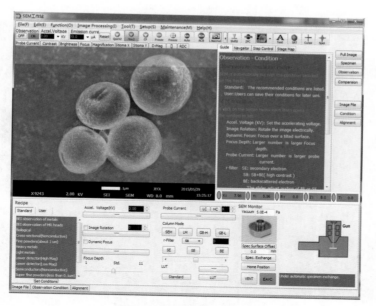

图5-41 扫描图像并拍照

（16）扫描完成后，弹出保存图像对话框，填写保存路径（图5-42）。

图5-42 保存图像

在"保存在"位置选择保存路径，在"文件名"处输入存储照片的名字，并单击"保存"按钮。

视图窗口回到扫描之前的状态，若继续在视图窗口进行操作图像，则在工作站中单击█或者在操作台中按下"FREEZE"键███，并关闭该功能。

5.3.5　能谱测试

（1）单击右侧计算机屏幕上"EDS工作站"（图5-43）。出现EDS工作站界面（图5-44）。

（2）单击导航器中的"项目"图标 ，出现如图5-45所示界面。在"项目名称"栏目中添加项目名称。

（3）单击"样品"图标 ，出现如图5-46所示界面，填写样品名称。

图5-43　打开EDS工作站

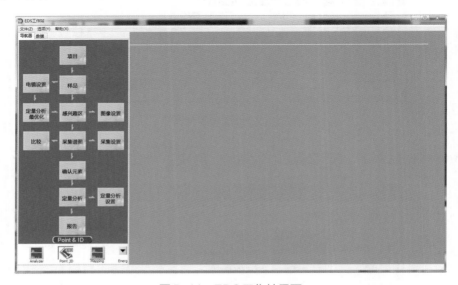

图5-44　EDS工作站界面

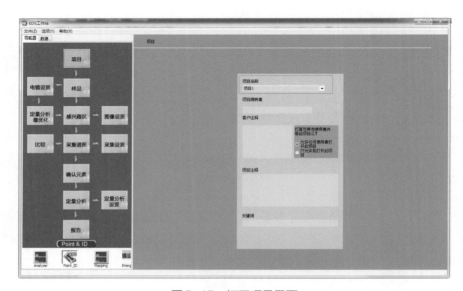

图5-45　打开项目界面

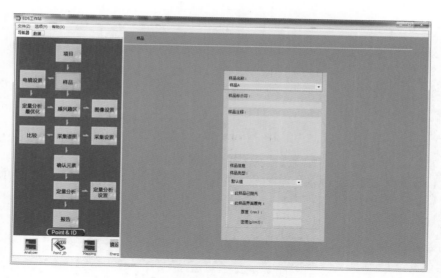

图5-46　填写样品名称

可在"样品注释"栏中对样品或者扫描电镜观察条件进行注释。如"测试样品为钨酸铋；SEM观察条件：SEI、WD=8mm"等。

若样品表面进行过处理，可在"样品信息"栏中进行填写和设置；若样品表面未进行处理，则不予以设置。

（4）切换至SEM工作站界面，将加速电压设置为20kV左右，WD设为8mm。

同时调整放大倍率、调节发射电流，使采集图谱界面的死时间小于35%、采集速率在1~3kcps。改变电镜条件后，若图像不清晰，应进行调节直至得到清晰图像。

（5）单击"图像设置"图标，出现图像设置界面，一般情况下，选择默认的图像设置（图5-47）。

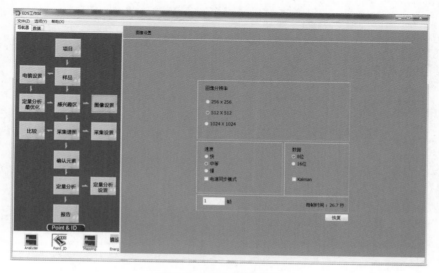

图5-47　选择图像设置

（6）单击图标 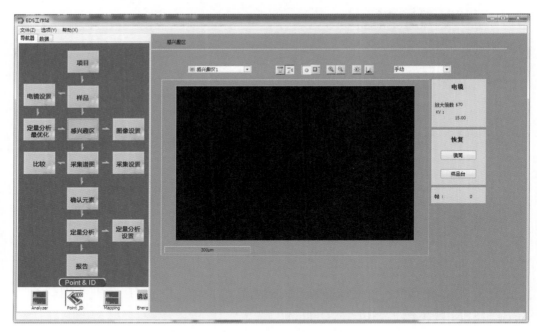，显示如图5-48所示界面。

图5-48　单击感兴趣区

此时先调出"SEM工作站"窗口，然后在"感兴趣区"界面单击开始采集按钮，单击后将SEM工作站中清晰图像载入EDS工作站中（图5-49）。

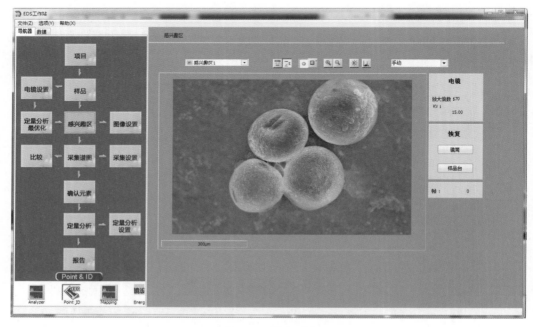

图5-49　载入图像

（7）单击"采集设置"图标 ![采集设置]，如图5-50所示界面。

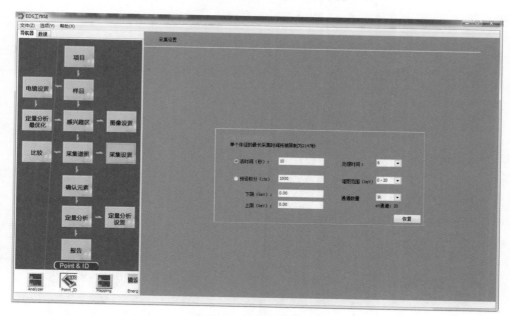

图5-50　进行采集设置

设置活时间、处理时间、谱图范围等参数。一般情况下设置活时间设为"60s"，按Enter键进行确认；处理时间设为"6"，按Enter键进行确认；谱图范围选择"0~20"；通道数量为"1k"（具体数值可调整）。

（8）单击图标 ![采集谱图]，显示如图5-51所示界面。

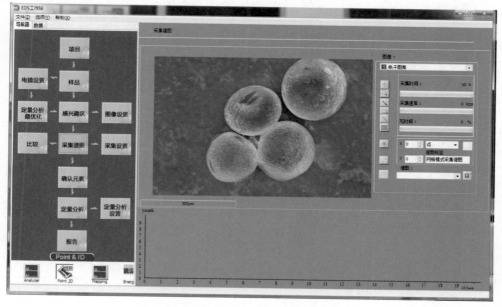

图5-51　单击采集谱图

鼠标单击采集谱图方式中的按钮 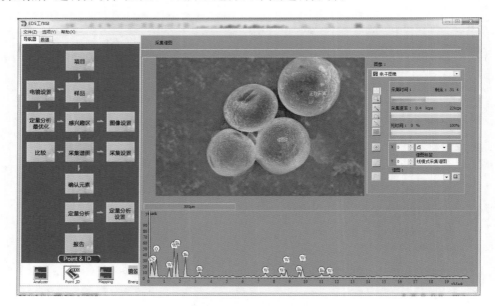，即选择点分析模式。鼠标在图像上左击需要分析的点，进行分析，如图5-52所示选择两个点进行分析。

图5-52　选择点进行分析

（9）单击"确认元素"图标，如图5-53所示。

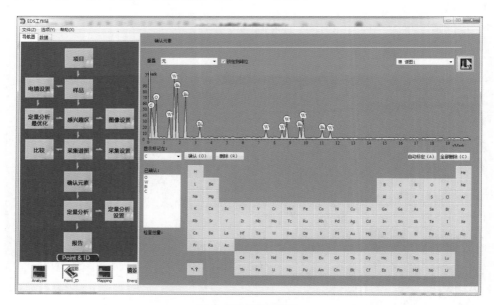

图5-53　选择元素

双击元素周期表中的元素（取消或者添加某元素），进一步手动定性，双击"C"，去除图谱中的C谱线。

（10）单击"定量分析"图标 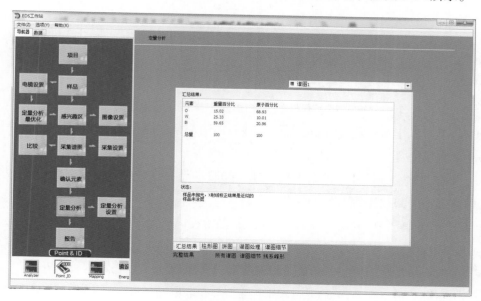，进行无标样的定量分析，如图5-54所示。

图5-54　选择定量分析

（11）单击"报告"图标 ，如图5-55所示。签名后，单击"保存"，选择保存路径，填写报告名称，报告保存在已建"项目名称/样品名称/"对应的文件夹下；或者在选择路径下自动生成"项目名称/样品名称/"文件夹。

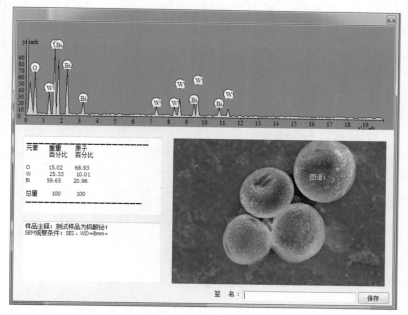

图5-55　保存报告至文件夹

5.3.6 卸载试样

（1）如果"FREEZE"按钮为按下状态，则单击"FREEZE"关闭该功能。切换至SEM工作站界面，滑动鼠标滚轮或调节旋钮 ，将放大倍率还原为最低倍率。

（2）单击真空系统控制台上的"GUN"按钮，该按钮变亮。

（3）单击操作主界面中的"OFF"按钮 ，关闭加速电压。

（4）单击工作站中的按钮 Home Position ；或者单击交换室操作台中的按钮 ，使样品台移动到交换位置。

（5）右键单击进样杆，单击下拉菜单"卸载样品"，单击后进样杆移至水平方向，然后向前推动，卸载样品（图5-56）。

（6）单击工作站中的按钮 VENT ，在弹出的提示窗口单击"OK"；或者单击交换室操作台中的按钮 ，开始破真空。单击后VENT键开始闪烁，至破真空完毕后转为常亮。

（7）右键单击舱门锁扣，单击下拉菜单"打开舱门"（图5-57）。

（8）右键单击交换室内铁盘，单击下拉菜单"取回并拆卸"（图5-58）。

图5-56 卸载样品　　　　图5-57 打开舱门　　　　图5-58 取回并拆卸

（9）右键单击舱门锁扣，单击"关闭舱门"（图5-59）。

图5-59 关闭舱门

5.3.7 关机

（1）关闭INCA软件。

（2）关闭JSM-7500F扫描电镜软件（SEM工作站）。

（3）关闭EDS和SEM计算机电源。

（4）关闭操作台OPE SW的电源。

（5）注意：稳压电源保持开，总电源保持开，真空电源保持开，输出氮气压力保持在0.4MPa左右。

5.4 实物实验

5.4.1 仪器和试剂

主要仪器：扫描电镜JSM—IT500，试样由同学们提供。

5.4.2 测样

（1）将所提供的四个不挥发、无磁性、干燥的样品在样品台上用导电胶进行制样。测量样品的高度，样品最大高度<60mm。

（2）将制备好的样品放在离子溅射仪中进行抽真空，并且进行喷金处理。

（3）装样品（图5-60），单击"Specimen Exchange"按钮，单击"Draw-out"，当"Moving stage"信息窗口消失后，打开样品仓的门，取出样品，选择"OK"，关门。

图5-60　进样

（4）创建样品数据（图5-61）。

①"Creat"新数据。

②选择holder类型，第一个（51mm）。

③设置样品的高度。

图5-61　创建样品数据

④输入样品名。

⑤确认，单击"OK"。

（5）设置测试条件。参数不能修改，直接单击OK。

（6）抽真空"Vacuum"。

（7）单击"Photo"获取navigation图像，单击"OK"。

（8）"Recipes"采用默认模式。

（9）单击"Home"，选择"Electron Gun"，选择"Standby"，当电流达到设定值，即变为"白色"。

（10）单击"Observation"获取照片，单击"Fast"获取图片，"ACB"调亮度，"AF"调焦距，"AS"调对比度。选择满意的图片后，单击"Photo"进行拍照。

（11）放气，取出样品，抽真空，standby。

5.4.3　注意事项

在制备样品时请遵循以下指导，以获得最佳图像质量，并避免由于制样不当对台式扫描电子显微镜造成损害。

（1）请勿直接在（飞纳）样品杯上制备样品，脱落的样品颗粒会沉积在样品杯内，对电镜造成污染。

（2）请保证样品的干燥。潮湿的样品在真空环境中会迅速蒸发，放出大量气体，对电镜造成损害。

（3）请保证样品固定牢固，确认样品牢固黏附在样品台上。可使用碳胶、银胶等进行样品固定。

（4）粉末样品。将粉末样品黏附在样品台上，之后使用压缩空气或其他高压气枪轻轻喷吹样品，以去除松动的粉末。

（5）金属样品的制备需格外小心，务必保证样品固定牢固。SEM中包含强力电磁体，如果材料固定不牢，将被吸引进入电镜内部，对电镜造成损害，丧失成像能力。在此情况下，电镜将需返厂维修。

（6）聚合物和生物样品需保证样品干燥并固定牢固。

（7）溅射镀膜。对于不发生明显荷电效应的不导电样品，对其进行喷金处理可以有效提高图像质量。

5.5　思考题

（1）聚焦电子束打到样品表面可以产生哪些物理信号？分别是什么？

（2）二次电子和背散射电子成像各自的优势所在？

（3）扫描电镜由哪几个系统组成？

（4）扫描电镜的试样制备要求有哪些？

第 6 部分
透射电镜用于材料的微观结构分析

6.1　实验目的

（1）了解透射电子显微镜的工作原理及对纳米材料微观结构的表征。

（2）了解纳米材料样品的制样方法。

（3）了解拍摄样品表面电子成像的过程。

6.2　实验原理

透射电子显微镜（又称透射电镜，TEM）是一种具有极高分辨率和放大倍数的显微镜。其利用聚焦电子束作为照明源，采用对电子束能够透明的薄膜试样（厚度为数十纳米至数百纳米），以透射电子作为成像信号进行微观分析。透射电子显微镜的优势是放大倍数高，分辨本领强，可以有效观察和分析材料的形貌、组织和结构。

透射电子显微镜工作的原理：首先，由电子枪发射出电子束，在真空通道中沿着镜体光轴透过聚光镜，通过聚光镜汇聚成尖细、明亮又均匀的光斑，照射到样品上，透过样品的电子束携带了样品的结构信息。比如，致密部位透过的电子少，稀疏部位透过的电子多。其次，经过物镜的汇聚调焦和初级放大后，电子束进入下级的中间透镜和第一、第二投影镜进行放大成像，透射在荧光屏板上，最后转化为可见光影像。

透射电镜的样品制备是透射电镜显微分析的重要环节。电子与物质能够相互作用，但是电子对物质的穿透能力很弱，约为X射线穿透能力的万分之一。而在透射电镜中，真正需要的是具有穿透能力的透射电子束和弹性散射电子束。为了使它们能够达到清晰成像的程度，就必须要求样品的厚度足够薄。

6.3　虚拟仿真实验

以透射电镜分析硅物质表面结构为例。

6.3.1　实验准备

6.3.1.1　冷阱加液氮

将实验场景切换至样品制备区。

（1）鼠标指向液氮罐，鼠标指针变为手型，右键单击液氮罐，弹出操作提示"取液氮"，左键单击，液氮便由液氮罐中倾倒至小桶中（图6-1）。

（2）场景转至透射电镜区域，鼠标指向冷阱盖，鼠标指针变为手型，右键单击冷阱盖子，弹出操作提示"取下盖子"，左键单击，冷阱盖子打开（图6-2）。

图6-1　取液氮

图6-2　取下盖子

（3）鼠标指向冷阱，鼠标指针变为手型，右键单击漏斗，弹出操作提示"放置漏斗"，左键单击，漏斗移动至冷阱孔处（图6-3）。

（4）右键单击冷阱，弹出操作提示"加液氮"，左键单击，大烧杯将移动至冷阱漏斗处，缓慢地倾倒液氮。倾倒完

图6-3　放置漏斗

毕后，大烧杯自动取下放回桌子上（图6-4）。

（5）右键单击漏斗，弹出操作提示"取下漏斗"，左键单击，漏斗将从冷阱孔处取下放回桌子上（图6-5）。

（6）右键单击冷阱盖，弹出操作提示"盖好盖子"，左键单击，将冷阱盖子盖上（图6-6）。

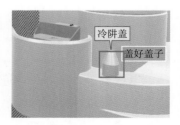

图6-4　加液氮至冷阱漏斗　　　　图6-5　取下漏斗　　　图6-6　盖好盖子

正常情况下，约4小时需补加液氮一次。

注意事项：

（1）往冷阱加液氮前，一定要将观察窗的盖子盖上，并用遮挡物将操作面板盖住。

（2）做好防护措施（手套、面具等），防止冻伤。

（3）尽量不要使用塑料水壶。

（4）加液氮时，容器口不要对着人。

（5）加液氮过程不要着急，液流平稳，不要外溢。

6.3.1.2　样品制备

将场景切换至样品制备区。

（1）右键单击烧杯，弹出操作提示"加溶剂"，左键单击，溶剂瓶盖子打开，倾倒乙醇至烧杯中后，将试剂瓶盖子盖上（图6-7）。

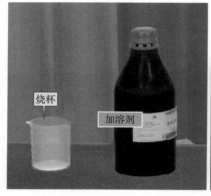

图6-7　加溶剂

（2）右键单击样品管，弹出操作提示"取样品"，左键单击，样品盖子打开，药匙取粉末样品至小烧杯中后取样管，盖上盖子（图6-8）。

（3）右键单击烧杯，弹出操作提示"放入超声仪"，左键单击，小烧杯将移动至超声仪中进行超声，出现"超声中"的弹框提示 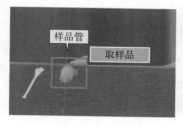（图6-9）（实验操作时，建议由老师制备或在老师指导下进行超声）。

（4）超声完后，出现"超声完成"的提示 ，右键单击烧杯，弹出操作提示"取出烧杯"，左键单击，小烧杯将从超声仪中取出，放置到桌面上（图6-10）。

图6-8　取样品　　　　　　　图6-9　放入超声仪　　　　　　图6-10　取出烧杯

（5）右键单击表面皿，弹出操作提示"放置铜网"，左键单击，镊子将夹取铜网至表面皿上（图6-11）。

（6）右键单击表面皿，弹出操作提示"滴加样品"，左键单击，用移液枪吸取液体，并滴1~2滴液体于铜网上（图6-12）。

图6-11　放置铜网

注意事项：

①粉末在超声前要进行研磨过滤等预处理，使粉末颗粒粒径控制在50nm以下。

②根据材料不同，可选用甲苯、丙酮做试剂，本实验选取无水乙醇作为分散试剂。

③滴溶液时要适量。如果滴得太多，则粉末分散不开，不利于观察，同时粉末掉入电镜的概率大增，严重影响电镜的使用寿命；如果滴得太少，则对电镜观察不利。建议由老

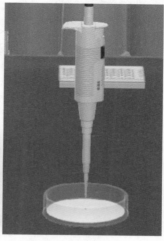

图6-12　滴加样品

图6-13　打开红外灯

师制备或在老师指导下制备。

④观测倍数在20万倍以下时，用铜网；观测倍数在20万倍以上时，用微栅。

⑤保持镊子与未用铜网的整洁，以免造成污染。

6.3.1.3　样品烘干

（1）右键单击红外灯，弹出操作提示"开"，左键单击，打开红外灯（图6-13）。

（2）右键单击表面皿，弹出操作提示"烘干样品"，左键单击，将表面皿移动到红外灯下烘干样品，出现"烘干中"的提示（图6-14）。

（3）提示"烘干中"消失后，右键单击红外灯，弹出操作提示"关"，左键单击，关闭红外灯（图6-15）。

（4）样品烘干后，右键单击表面皿，弹出操作提示"移走样品"，左键单击，表面皿移动到原位置（图6-16）。

图6-14　烘干样品

图6-15　关闭红外灯

图6-16　移走样品

6.3.1.4　装样品

右键单击样品头，弹出操作提示"放铜网"，左键单击，用螺丝刀将样品头上的螺丝拧松，用镊子将固定片拨至一旁，夹取铜网放至样品头上凹槽处，再拨回固定片，用螺丝刀拧紧螺丝（图6-17）。

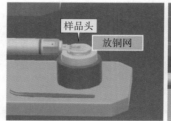

图6-17　装样品

注意：拧螺丝的动作要轻，禁止暴力操作。

6.3.2 进样操作

样品安装完毕后，将整个样品杆插入测角台上。

（1）在电镜控制电脑上，单击电脑桌面 TEM CENTER Suite图标，打开电镜工作站，单击透射电镜工作站界面 Vacuum:Ready ，打开真空界面（图6-18~图6-20）。

图6-18　单击透射电镜工作站

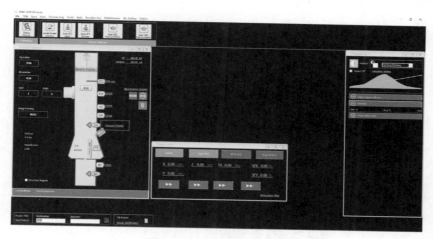

图6-19　透射电镜工作站

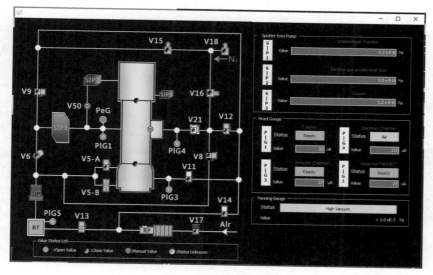

图6-20　真空界面

（2）场景转至透射电镜位置，右键单击测角台，弹出操作提示"打开盖子"，左键单击，打开盖子锁扣，打开测角台盖子（图6-21）。

（3）场景切换至样品制备区，右键单击整个样品杆，弹出操作提示"插入样品杆"，左键单击，样品杆将移动到测角台处，短圆柱状铜销钉在水平面，水平插入导槽（图6-22、图6-23）。

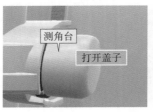

图6-21 打开盖子　　　　　　图6-22 插入样品杆　　　　　　图6-23 样品杆

（4）回到3D场景，右键单击测角台上的Air按钮，弹出操作提示"抽真空"，左键单击，按钮变为"Pump"闪烁，开始抽真空。在抽真空的过程中，可看到工作站真空状态窗口的Specimen Chamber，状态为Pump闪烁，真空值一直在下降（图6-24）（真实操作实验抽真空时请咨询专业老师或在老师指导下操作）。

（5）等Specimen Chamber真空值降至32以下时，状态为Ready，表明抽真空完成，真空状态良好，可以插入样品杆。在透射电镜工作站Open Project窗口，单击▼出现下拉框，单击选择第一个标准样品杆，单击"OK"关闭该窗口（图6-25、图6-26）。

图6-24 抽真空

图6-25 抽真空完成　　　　　　图6-26 选择第一个标准样品杆

（6）右键单击样品杆，弹出操作提示"完全插入"，左键单击，样品杆顺时针旋转，当不能继续旋转时，会感到一股吸力将样品杆朝镜筒方向吸，顺势让样品杆吸入至停止；继续顺时针旋转样品杆至不能旋转，顺势让样品杆被吸入至停止，完全插入样品杆（图6-27）。

右键单击测角台，弹出操作提示"盖好盖子"，左键单击，盖好测角台盖子，扣好盖子锁扣（图6-28）。

图6-27　插入样品杆

图6-28　盖好盖子

6.3.3　TEM操作

6.3.3.1　调光

（1）在左控制面板下，鼠标左键单击BEAM按钮，按钮颜色由不亮 ■ 变为亮 ■ ，打开灯丝电流。

（2）右键单击观察室盖子，弹出操作提示"打开盖子"，左键单击，观察室盖子取下，放置在桌面上。盖子取下后，荧光屏可看到绿色的光斑（图6-29）。

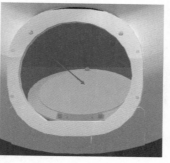

图6-29　打开盖子

（3）在右控制面板上，单击MAG/CAM L顺时针箭头，调节电镜放大倍数；在TEM工作站界面查看单击放大倍数，调节放大倍数为50k倍（图6-30）。

（4）在左控制面板上，单击BRIGHTNESS逆时针箭头，逆时针拧BRIGHTNESS旋钮将光斑缩小，观察窗内的光斑变化（图6-31、图6-32）。

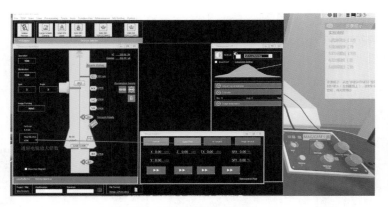

图6-30　调节放大倍数

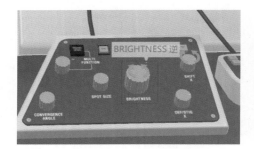

图6-31　调节BRIGHTNESS旋钮

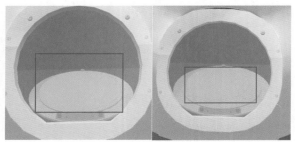

图6-32　观察光斑变化

（5）单击左侧面板Shift X和右侧面板Shift Y旋钮箭头，旋转旋钮移动光斑，通过调节将光斑移到荧光屏中央（图6-33、图6-34）。（Shift X逆时针旋转水平方向左移，顺时针旋转水平方向右移；Shift Y逆时针旋转竖直下移，顺时针旋转竖直上移。）

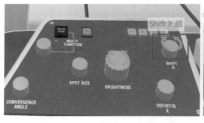

图6-33　调节Shift X、Shift Y旋钮

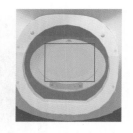

图6-34　观察光斑变化

（6）在左控制面板上，单击BRIGHTNESS顺时针箭头，顺时针拧BRIGHTNESS旋钮，将光斑放大，观察窗内的小光斑变成大光斑，充满荧光屏（图6-35）。

图6-35　调节旋钮观察光斑

6.3.3.2　测样

（1）在主控制面板下，单击轨迹球向左箭头（单击五次），样品逐渐向左移动；再单击轨迹球向下箭头（单击两次），样品逐渐向下移动（图6-36、图6-37）。

图6-36　调节轨迹球

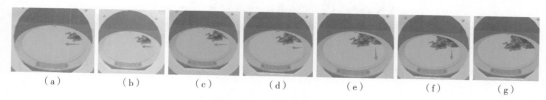

（a）　　　　（b）　　　　（c）　　　　（d）　　　　（e）　　　　（f）　　　　（g）

图6-37　观察光斑变化

（2）调节好测试样品位置后，右键单击观察室盖子，弹出操作提示"盖好盖子"，左键单击，盖好观察室盖子（图6-38）。

（3）单击TEM CENTER Suite测试软件View菜单栏Large Screen Camera图标，打开图像观察界面（图6-39）。

（4）右侧操作面板，左键单击打开STD FOCUS按钮，使焦距透镜电流成为合适的标准透镜电流；左键单击打开IMAGE WOBB按钮，在TEM CENTER Suite测试软件图像观察界面，可以看到图像晃动（图6-40）。

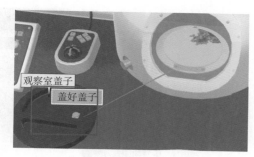

图6-38　盖好盖子

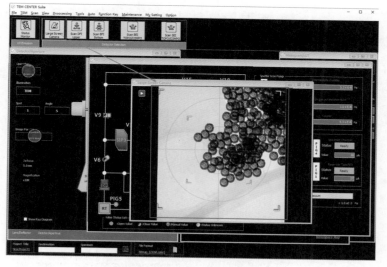

图6-39　打开图像观察界面

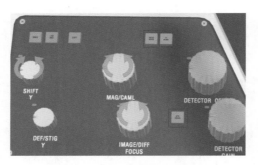

图6-40　单击按钮调节图像

（5）左键单击"Z UP"按钮 ，图像晃动减弱；左键单击"Z DOWN"按钮 ，图像晃动增强；调节面板上的Z键按钮，减小图像晃动至图像基本不晃，在TEM CENTER Suite测试软件图像观察界面中观察图像晃动情况（图6-41）。

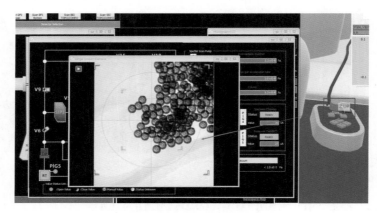

图6-41　继续通过按钮调节图像

（6）观察窗口图像基本不晃动时，左键单击，关闭右侧面板IMAGE WOBB按钮，关闭图像观察界面。

（7）在左控制面板上，左键单击"BRIGHTNESS"旋钮顺时针箭头，顺时针旋转旋钮，直至光束电流密度为30左右（图6-42）。

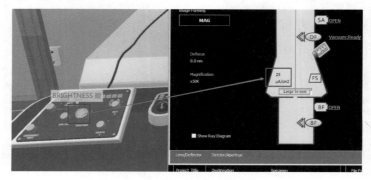

图6-42　调节光束电流密度

（8）单击emsis面板Out按钮，切换到In，进入CCD观测模式（图6-43）。

单击右侧电脑桌面RADUS工作站图标，打开RADUS软件（图6-44、图6-45）。

图6-43 切换CCD观测模式

图6-44 打开RADUS软件

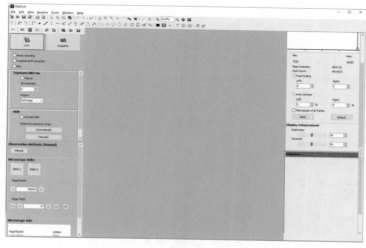

图6-45 RADUS软件界面

（9）单击软件左侧工具栏图标 ，打开Acquisition Settings窗口，单击窗口左侧 Document Name ，打开设置保存图片名称界面，设置完成后，单击"确定"（图6-46、图6-47）。

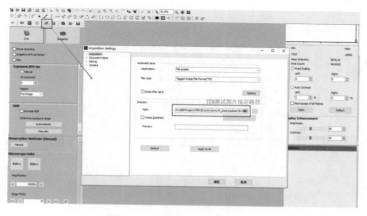

图6-46 设置图片保存路径

图6-47 设置保存参数

（10）单击图标 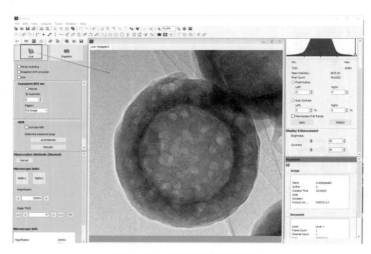，打开图像监测窗口（图6-48）。

图6-48 打开图像监测窗口

（11）右侧操作面板，调节 IMAGE/DIFF Focus 旋钮 ，单击顺时针箭头，进行图像聚焦，观察Live窗口图像，旋转旋钮，直至得到清晰的图片（图6-49）。

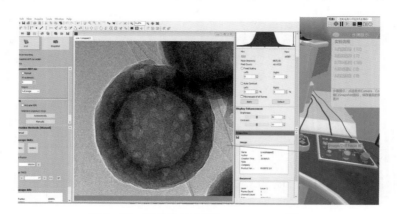

图6-49 调节IMAGE/DIFF Focus旋钮

（12）单击软件Camera Control窗口Snapshot图标 ，保存最后的测试图片
（图6-50）。

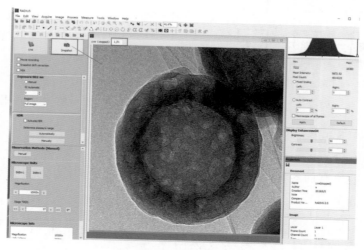

图6-50　保存测试图片

6.3.4　能谱（EDS）测试

（1）单击emsis面板In按钮，切换到Out，进入能谱测试模式（图6-51）。

（2）单击电脑桌面上方Analysis Station工作站图标，打开能谱分析工作站（图6-52、
图6-53）。

图6-51　切换能谱测试模式

图6-52　打开能谱分析工作站

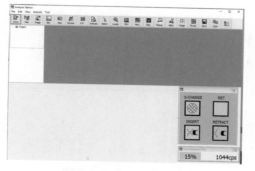

图6-53　能谱分析工作站

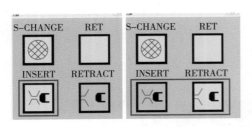

图6-54　打开能谱探头

（3）单击Analysis Station软件界面INSERT图标，图标变为黄色，打开能谱探头（图6-54）。

（4）单击工具栏Image图标，开始采集扫描图像（图6-55）。

（5）单击工作站界面工具栏Spc图标，打开能谱采集窗口，单击Start图标开始采集元素能谱，采集完成界面如图6-56、图6-57所示。

（6）单击Analysis Program界面工具栏Ptbl按钮，打开元素选择窗口，单击选择样品中所可能含有的各种元素后关闭此窗口；选择要分析的元素为C、O、Si、Cl、Ca、Ti（图6-58）。

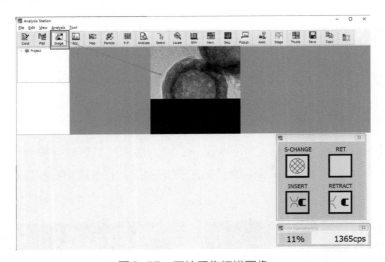

图6-55　开始采集扫描图像

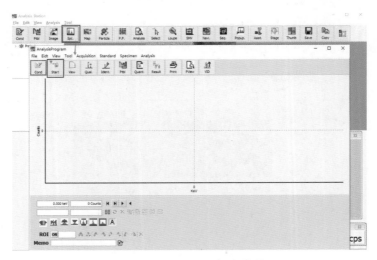

图6-56　开始采集元素能谱

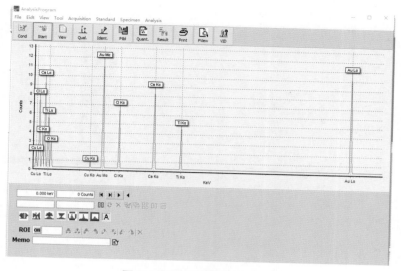

图6-57　元素能谱采集完成

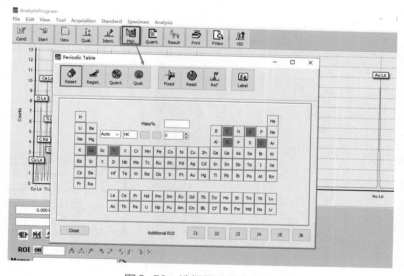

图6-58　选择要分析的元素

（7）单击Analysis Program界面工具栏Quant图标，打开能谱测试结果界面（图6-59）。

（8）单击Quantitative Analysis Results界面Print图标，生成能谱测试结果报告（图6-60）。

（9）单击Print界面Export，选择Export to Word，导出测试结果报告为Word格式，保存报告（图6-61）。

（10）单击Analysis Station软件界面RETRACT图标，图标变为黄色，退出能谱探头（图6-62）。

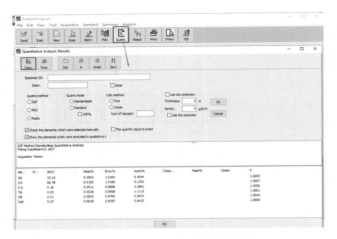

图6-59 打开能谱测试结果界面

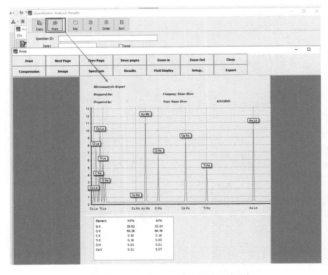

图6-60 生成能谱测试结果报告

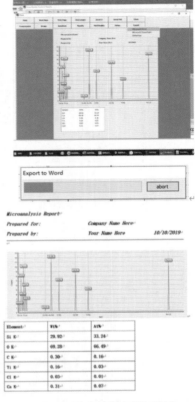

图6-61 导出并保存测试报告

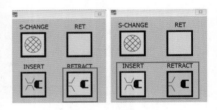

图6-62 退出能谱探头

6.3.5 实验结束

（1）关闭Analysis Station工作站。

（2）关闭RADIUS工作站。

（3）在TEM CENTER Suite工作站界面Stage Control窗口，双击Stage Neutral按钮 _{Stage Neutral} ，使样品杆状态归零（图6-63、图6-64）。

（4）关闭TEM CENTER Suite工作站。

（5）在左控制面板上，单击BEAM按钮 ，关闭灯丝电流。

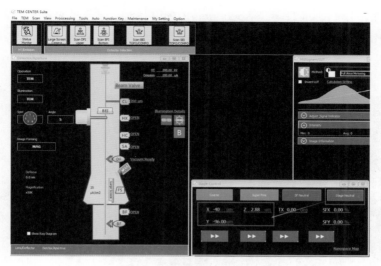

图6-63　使样品杆状态归零

图6-64　样品杆状态归零

（6）右键单击测角台，弹出操作提示"打开盖子"，左键单击，打开测角台盖子。右键单击样品杆，弹出操作提示"取出样品杆"，左键单击，样品杆先被拉出直至停止，逆时针旋转样品杆至不能旋转；继续拉出样品杆至停止，接着逆时针旋转样品杆至不能旋转（图6-65）。

（7）右键单击Pump按钮，弹出操作提示"放气"，左键单击，按钮切换为Air，进行放气操作（图6-66）。

图6-65　取出样品杆

图6-66　放气

在真空图工作站页面，等待Specimen/PIG4真空值大于200μA时，右键单击样品杆，弹出操作提示"取下"，左键单击，将样品杆完全取下放置于样品架上（图6-67、图6-68）。

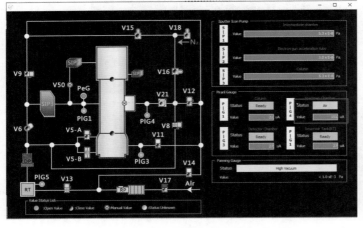

图6-67　等待真空值大于200μA　　　　　图6-68　取出样品杆

（8）右键单击测角台，弹出操作提示"盖好盖子"，左键单击，盖好测角台盖子。

6.4　实物实验

6.4.1　仪器与试剂

（1）仪器：透射电子显微镜，烧杯，滴管，超声波分散器，透射电镜铜网膜。
（2）试剂：实验室制备的纳米粉体，无水乙醇。

6.4.2　实验步骤

（1）样品制备。将少许纳米材料粉体置于干净的50mL烧杯中，加入30mL无水乙醇，超声分散成悬浮液。用滴管滴几滴在覆盖有碳加强火棉胶支持膜的电镜铜网上。待其干燥后，再蒸上一层碳膜，即成为电镜观察用的粉末样品。
（2）安装样品。
①依次打开循环水、总电源、真空泵、扩散电源。
②30min后打开镜筒电源，等高真空与底片室的绿色指示灯均亮后，表示真空度符

合要求，即可开始工作，加压至80kV或100kV，加灯丝电流至饱和点。

③将样品安装到样品托上，插入镜筒，同时打开样品室预抽开关，边推边顺时针方向旋转托柄至全部推进。

（3）观察样品。

①逐渐增加工作电压，将灯丝电流开到锁定位置。

②先在低倍镜中寻找所需要观察区域，调节亮度并对准，再调节到高倍镜下观察并拍照记录。

（4）取出样品。在关闭灯丝电流后拉出样品托。一边拉一边逆时针旋转，同时还要关闭样品室预抽开关。

（5）关机。依次关闭工作电压、镜筒电源、真空泵电源、机械泵电源及总电源，20min后才能关闭循环水。

6.4.3 实验结论

对所拍摄的照片进行分析，得出结论。

6.5 思考题

（1）简述透射电镜的成像原理与扫描电镜成像原理的区别。

（2）简述纳米材料样品的制样过程。

第 7 部分

激光粒度法测定颗粒的粒度分布

激光粒度仪作为一种新型的粒度测试仪器，已经在粉体加工、应用与研究领域得到了广泛应用。它的特点是测试速度快、测试范围宽、重复性和真实性好、操作简便等。

7.1 实验目的

（1）了解激光粒度仪的结构及测试原理。
（2）学会用激光粒度仪测试粉体的粒度分布并会分析测试结果。

7.2 实验原理

7.2.1 激光粒度仪原理

激光法的粒度测试原理：激光粒度仪是根据颗粒能使激光产生散射这一物理现象测试粒度分布的仪器。由于激光具有很好的单色性和极强的方向性，所以一束平行的激光在没有阻碍的无限空间中将会照射到无限远的地方，并且在传播过程中很少有发散的现象（图7-1）。

图7-1 激光束在无障碍下的传播示意图

当光束遇到颗粒阻挡时，一部分光将发生散射现象（图7-2），散射光的传播方向将与主光束的传播方向形成夹角 θ。散射理论和实验结果都告诉我们，散射角 θ 的大小与颗粒的大小有关，颗粒越大，产生散射光的 θ 角就越小；颗粒越小，产生的散射光的 θ 角就越大。如图7-3所示，散射光 θ_2 是由较大颗粒引起的；散射光 θ_1 是由较小颗粒引起的。进一步研究表明，散射光的强度代表该粒径颗粒的数量。这样，在不同的角度上测量散射光的强度，就可以得到样品的粒度分布。

图7-2 不同粒径颗粒产生不同角度的散射光

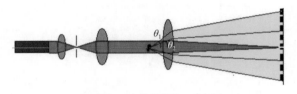

图7-3 激光粒度仪原理

7.2.2 白炭黑的粒度分布

白炭黑通常是以熔结在一起的原生粒子聚集体的形式存在，但热解白炭黑几乎是由单个原生粒子构成。白炭黑聚集体有聚结成更大的聚集体的趋势。一定品种的白炭黑粒子的粒径呈现特征的粒径分布曲线。若以频率—对数直径坐标作图，则呈现对称的高斯曲线。应用光度法测定白炭黑的反射率和激光粒度仪，可以测定白炭黑的粒子大小与分布。

 ## 7.3 虚拟仿真实验

7.3.1 启动仪器

鼠标指向仪器后方仪器开关，左键单击，打开仪器电源开关，出现"嘟嘟"

声，指示仪器已开启。启动电源后，样品池开启按钮附近的"状态指示灯"将闪亮（图7-4、图7-5）。开启仪器电源等待30min，以稳定激光光源方可进行测试。

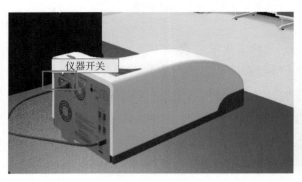

图7-4　打开仪器开关　　　　　　　　　　　　图7-5　状态指示灯

注意：指示灯的颜色和状态以及功能如表7-1所示。

表7-1　状态指示灯与仪器状态说明

指示灯颜色和状态	功能
棕黄色—闪烁	显示启动，初始化常规程序正在进行
棕黄色	显示仪器正在"待命" 仪器正常运行，但没有连接至计算机或没有启动软件
绿色	指示仪器正在正常运行，可以开始测试
绿色—闪烁	指示仪器正在进行测量
红色	指示仪器已检测到一个错误，测量将被停止

注意：棕黄色是红色和绿色灯的结合。

注意事项：

（1）要启动系统，首先开启仪器，然后启动软件。

（2）在进行测量之前，所有有激光的测量仪器，都应打开电源预热30min。这是防止内部温度不平衡，影响测量结果。

7.3.2　样品制备

本实验测试样品为0.5mL活性染料蓝墨水储备液，将样品稀释一万倍后方可进行测试。

（1）100mL容量瓶定容。鼠标指向100mL容量瓶，右键单击，弹出操作提示"定容"，左键单击。容量瓶移动到前方，瓶塞打开放置在桌面上，用洗瓶倾倒溶剂至刻

度线。加水完毕后，等待 1~2min，摇匀
（图 7-6、图 7-7）。

注意事项：

①倾倒洗瓶时，切勿过快，可边摇晃边加入去离子水。

②摇匀操作时，用食指摁住瓶塞，用另一只手托住瓶底，把容量瓶反复倒转，使溶液混合均匀。

图 7-6　容量瓶定容

图 7-7　容量瓶摇匀

（2）移液。鼠标指向 1mL 移液管，右键单击，弹出操作提示"移液"，左键单击，移液管移取 1mL 稀释后的溶液至 50mL 容量瓶中（图 7-8、图 7-9）。

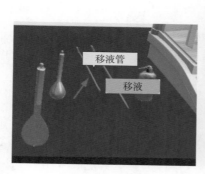
图 7-8　移液图

图 7-9　移液至容量瓶中

（3）50mL 容量瓶定容。鼠标指向 50mL 容量瓶，右键单击，弹出操作提示"定容"，左键单击。容量瓶移动到前方，瓶塞打开放置在桌面上，用洗瓶倾倒溶剂至刻度线。加水完毕后，等待 1~2min，摇匀（图 7-10）。此时溶液即已稀释一万倍，即可取样进行测试。

（4）取样。鼠标指向样品池，右键单击，弹出操作提示"取样"，左键单击该命令，50mL 容量瓶，倾倒溶液至样品池中，取样完毕后放回至样品架上（图 7-11）。

图 7-10　50mL 容量瓶定容

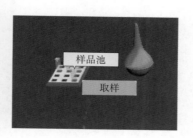
图 7-11　取样

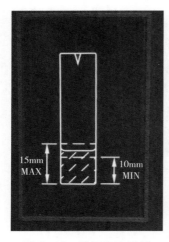

图7-12 样品高度示例

注意事项：

①往样品池注入样品时必须超过最小样品体积。但是，这个最小样品体积依赖于实际样品类型，比较容易的方法是控制样品在样品池中的高度。

②这个高度的最小值是从样品底部起10mm（图7-12）。

③不要过多加入样品，最高值15mm，因为样品过多，将导致形成温度梯度，从而降低温度控制的准确性。

（5）打开样品池区盖子。鼠标指向样品池区开启按钮（位于状态指示灯的中部），左键单击，按下样品池开启按钮后，盖子将慢慢升起，从而可以接触样品池槽（图7-13）。

（6）放样至样品池槽内。鼠标指向样品池，右键单击，弹出操作提示"放入样品池槽"，左键单击，样品池移入样品池槽内（图7-14）。

（7）关闭样品池区盖子。鼠标指向样品池盖子，右键单击，弹出操作提示"关盖"，左键单击，样品池盖子关闭（图7-15）。

图7-13 打开样品池区盖子

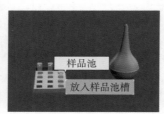

图7-14 放样至样品池槽内

图7-15 关闭样品池区盖子

7.3.3 样品测定

（1）打开计算机，打开工作站。鼠标指向计算机主机电源，左键单击，打开计算机（图7-16）。

单击计算机屏幕上的图标，打开工作站软件，如图7-17所示。

图7-16 打开计算机主机电源

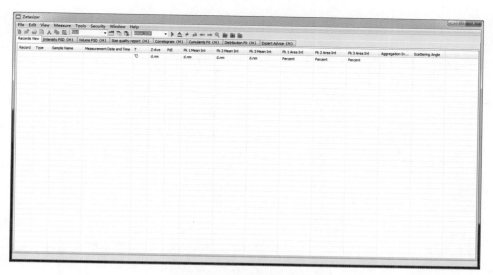

图7-17　打开工作站软件

（2）编辑测试方法。开新档案。单击菜单栏 File→New→Measurement File，弹出"新文件（New File）"对话框，如图7-18所示。在档名一栏输入测试方法名称，测试方法类型为.dts类型，完成后单击"保存"按钮。

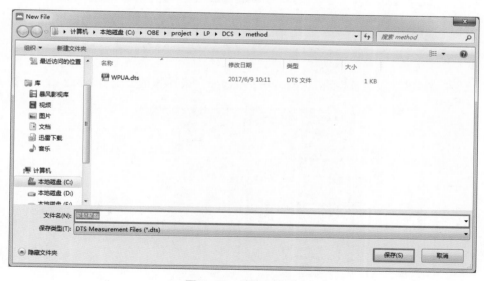

图7-18　建立新文件

单击菜单栏 Measure→Manual，弹出"手动设定（Manual Measurement）"对话框，如图7-19所示。

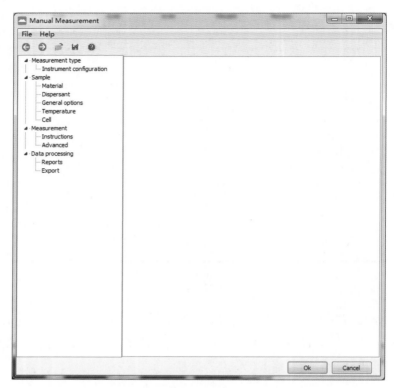

图7-19 "手动设定"对话框

（3）开始测量。

①选择测试类型。右键单击Measurement type，选择测试类型"Size"（图7-20）。

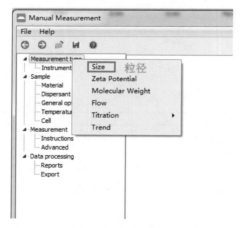

图7-20 选择测试类型

Size—粒径　Zeta Potential—Zeta电位　Molecular Weight—分子质量

Flow—流动模式　Titration—滴定　Trend—趋势

②单击sample输入样品名称，备注内容可输入也可不输入（图7-21）。

图7-21 输入样品名称

（4）单击Material选择所测样品。选择Sample→Material，单击按键 ⬚，显示Material Properties Manger（材料性质管理器），从中可以选择测试材料的性质（图7-22）。

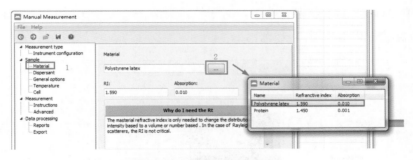

图7-22 选择测试样品材质

（5）单击Dispersant选择分散剂。选择Sample→Dispersant，单击按键 ⬚，显示Dispersant Properties Manger（分散剂性质管理器），从中可以选择测试材料的分散剂的性质（图7-23）。

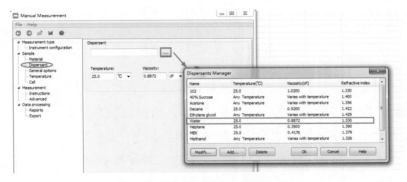

图7-23 选择测试样品分散剂的性质

（6）单击 Temperature，设定测试的温度及平衡时间。在测试前，输入测试温度及测试开始前的平衡温度时间。

Equilibrium time（平衡时间）是在每次测试开始前的一段延迟时间，用来使样品的温度和测试区的温度达到平衡（图 7-24）。

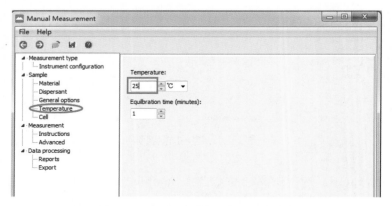

图 7-24　设定测试的温度及平衡时间

（7）单击 Cell，选择样品池类型。对于粒径测量，默认为 Disposable sizing cuvette（可抛弃型粒径样品池）（图 7-25）。

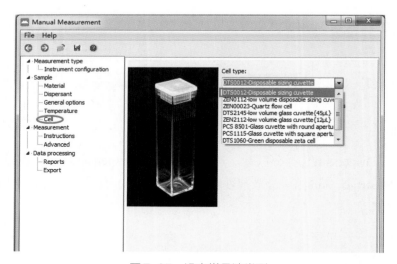

图 7-25　设定样品池类型

（8）对于 Measurement（测量）、Data processing（数据处理）等其他选项可不手动设置，选择默认即可。设定完成后，单击"OK"，出现如图 7-26 所示窗口。

（9）按下 Start 按钮 ▶ Start，即可开始测量（图 7-27）。

Start（开始）和 Stop（停止）。在进行测量时，如果按下 Stop，那么测量必须从头开始。Stop 没有暂停的效果。

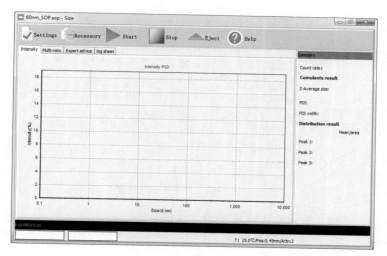

图7-26　设定完成

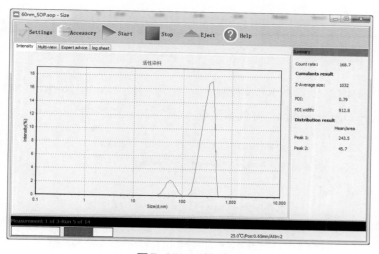

图7-27　开始测量

7.3.4　数据处理

（1）在工作站界面，选中PdI值最小的一行，如图7-28所示。

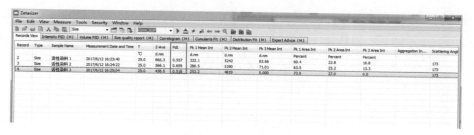

图7-28　选择数据

（2）单击桌面分析软件图标 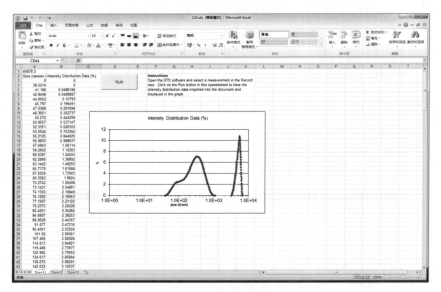，打开数据转换工作站，如图7-29所示。

图7-29　打开数据转换工作站

（3）单击工作站界面的RUN按钮 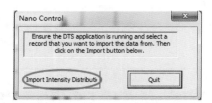，弹出"Nano Control"对话框，单击"Import Intensity Distribution"，将数据更新（图7-30、图7-31）。

图7-30　单击Import Intensity Distribution更新数据

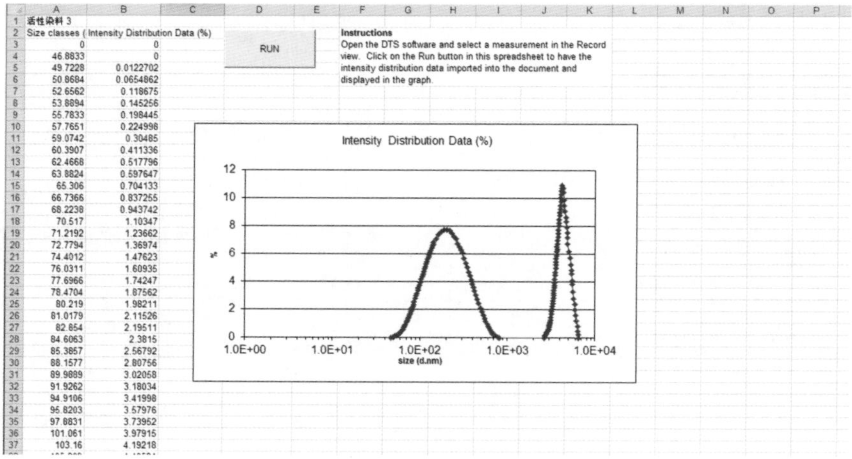

图7-31　更新后数据

（4）单击菜单"文件"→"另存为"，弹出"另存为"对话框，将数据保存（图7-32）。

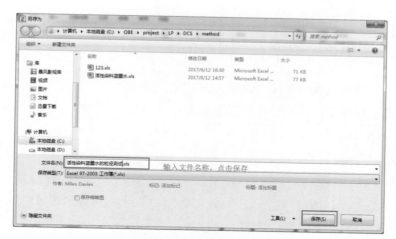

图7-32　保存数据

7.3.5　关机

所有操作完成后，进行以下操作。

（1）打开样品池区盖子，右键单击样品池，弹出操作提示"移出样品池槽"，左键单击，样品池移动到样品池架上。取出后，关闭样品池区盖子（图7-33）。

（2）清空样品池。右键单击样品池，弹出操作提示"清空"，左键单击，样品池清空（图7-34）。

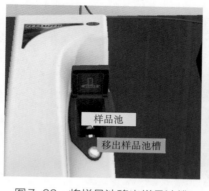

图7-33　将样品池移出样品池槽

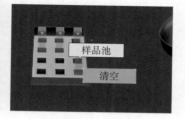

图7-34　清空样品池

（3）关闭仪器电源。

（4）关闭工作站。

（5）关闭计算机。

7.4 实物实验

7.4.1 仪器与试剂

（1）仪器：激光粒度分布仪、烧杯、滴定管、玻璃棒等。

（2）药品：各种不同粒径分布的 SiO_2 微粉。

7.4.2 测样

（1）样品处理。取适量样品于试管中，加入约 20mL 的蒸馏水形成悬浊液体系，然后用超声波清洗仪将体系分散成均匀的悬浊液。

（2）开机预热。打开激光粒度仪的电源开关，开启计算机，并且启动相关软件，将计算机与激光粒度仪连接起来。

（3）测试背景。进行测试准备，同时观察相关的数据，若背景值过高则要重新清洗粒度仪，清洗时，向样品池内加满蒸馏水，多次洗涤。

（4）粒度分布测定。使用激光粒度分布仪测定白炭黑的粒度分布。加入分散好的悬浊液，注意在加液时，应当吸取一部分中层液体，快速挤向试管底部，以保证颗粒大的样品能够均匀加入样品池中。注意整个操作过程应当快速完成。

7.5 思考题

（1）粒度分布有哪几种表示方法？

（2）激光粒度仪所测浓度的含义是什么？

（3）测量背景的作用是什么？

第 8 部分
原子吸收光谱法测定固体废物中的金属含量

8.1 实验目的

学习石墨炉原子吸收光谱法测试溶液中金属离子含量的方法。

8.2 实验原理

石墨炉原子吸收光谱法是利用石墨材料制成管、杯等形状的原子化器，用电能加热原子化进行原子吸收分析的方法。由于样品全部参加原子化，并且避免了原子浓度在火焰气体中的稀释，分析灵敏度得到了显著的提高。该法用于测定痕量金属元素，在性能上比其他许多方法好，并能用于少量样品的分析和固体样品直接分析。因而其应用领域十分广泛。

8.3.1 启动仪器

8.3.1.1 开机启动

鼠标指向石墨炉原子吸收光谱仪主机电源，指针变为手型，左键单击打开仪器电源，此时仪器开机指示灯变亮；鼠标指向石墨炉原子化器电源，指针变为手型，左键单击打开仪器电源，此时仪器开机指示灯变亮（图8-1）。

图8-1　计算机主机电源

左键单击计算机主机电源，打开计算机。单击如图8-2所示计算机桌面上的工作站图标。

启动工作站软件，弹出工作站窗口（图8-3）。

图8-2　打开工作站图标

图8-3　工作站软件窗口

单击菜单"工作表格"→"新建"→填写"新建表格名称"→单击"确定"（图8-4）。

图8-4　填写工作表格

8.3.1.2　安装元素灯

（1）鼠标指向石墨炉原子吸收光谱仪元素灯室红框部位，指针变为手型，左键单击，打开元素灯室的门（图8-5）。

图8-5　石墨炉原子吸收光谱仪元素灯室

（2）鼠标指向元素灯，指针变为手型，选择镉元素灯，右键单击，选择"移到元素灯室"，镉元素灯移到元素灯室（图8-6）。

（3）鼠标指向2号灯座后的白色按钮，指针变为手型，左键单击（图8-7）。

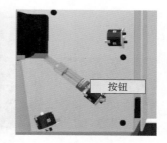

图8-6　元素灯室　　　　图8-7　2号灯座后的白色按钮

（4）鼠标指向镉元素灯，指针变为手型，右键单击，选择"装元素灯"。将镉元素安装到2号灯位。

8.3.2　配制标样

（1）单击主界面菜单栏中的样品配制标签（图8-8）。

| 实验介绍 | 实验原理 | 样品配制 | 实验帮助 | 退出系统 |

图8-8　样品配制标签

弹出样品配制窗口，在样品配制窗口中输入标准储液的体积和定容体积，配制不同浓度的标准样（图8-9）。

（2）空白标样的制备。在空白标样一栏中输入储备液的体积"0"，定容体积"100"；列表自动计算出标样中镉离子浓度并显示在表中（图8-10）。

标样的制备

编号	镉中间标准液体积/mL	定容体积/mL	镉离子浓度/μg/mL	操作	
空白标样				进样	清空
1				进样	清空
2				进样	清空
3				进样	清空
4				进样	清空
5				进样	清空

注：

	镉中间标准液	定容溶剂
物质名称	镉中间标准液	去离子水
浓度	10.0μg/mL	——

图8-9　样品配制窗口

标样的制备

编号	镉中间标准液体积/mL	定容体积/mL	镉离子浓度/μg/mL	操作	
空白标样	0	100	0.000	进样	清空
1	2	100	0.200	进样	清空
2	4	100	0.400	进样	清空
3	6	100	0.600	进样	清空
4	8	100	0.800	进样	清空
5	10	100	1.000	进样	清空

注：

	镉中间标准液	定容溶剂
物质名称	镉中间标准液	去离子水
浓度	10.0μg/mL	——

图8-10　空白标样的制备

单击"装样"命令后,实验台上空白标样的容量瓶中装入标样;单击"清空"命令可取消该标样的配制,实验台上空白标样容量瓶中的标样以及列表中的数据都被清空(图8-11)。

(3)标样1的制备。在"标样1"一栏中输入标准储液的体积"0.5",定容体积"100",列表自动计算出标样中镉离子的浓度,并显示在表中。单击"装样"命令后,实验台上编号为标样1的容量瓶中装入标样;单击"清空"命令,可取消该标样的配制,桌面上1号容量瓶中的标样以及列表中的数据都被清空。

图8-11 样品

(4)同样的方法制备其余标样(标样的浓度及标样个数根据实际情况灵活配置)。

注意:标准储备液中镉的浓度为100mg/mL。

(5)鼠标指向空白小样品杯,指针变为手型,右键单击,选择"装入溶液"菜单,如图8-12所示,将容量瓶中的空白标样装入样品杯;同样的方法装入其余标样及样品。

图8-12 空白标样杯

图8-13 样品3示意图

(6)若空白标样、标样1~标样5的容量瓶中的液体用完,则重新配置标样;如果未知样1~未知样3中的液体用完,则右键单击"未知样",选择"装入样品"菜单,装入未知样(图8-13)。

8.3.3 打开气体

(1)鼠标指向氩气管路总压阀,鼠标指针变为手型,左键单击,弹出压力调节窗口。单击窗口中的"+""−"对总压阀的开度进行调节,控制氩气压力为0.8MPa。其中单击"+"表示加大总压阀开度;单击"−"表示减小总压阀开度(图8-14)。

(2)鼠标指向氩气管路分压阀(图8-14),鼠标指针变为手型,左键单击,弹出压力调节窗口。单击窗口中的"+""−",对分压阀的压力进行调节,控制氩气出口压力为0.6MPa左右。其中,单击"+"表示加大输出压力;单击"−"表示减小输出压力。

图8-14 氩气管路总压阀

8.3.4 样品测定

8.3.4.1 编辑方法

编辑镉元素的完整方法并保存。

（1）原子工作站中单击"添加方法"，弹出"添加方法"对话框，方法类型选择"石墨炉"，在元素选择框中选择"Cd"元素符号（图8-15、图8-16）。

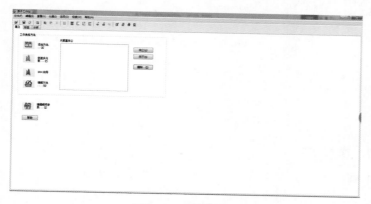

图8-15 编辑方法

图8-16 添加方法窗口

单击"确定"（图8-17）。

图8-17 窗口示意图

（2）工作站中单击"编辑方法"按钮，出现方法参数设置对话框（图8-18）。

①类型/模式选项卡。进样模式为"预配置"。

②测量选项卡。测量模式为"峰高"，时间框中的测量可设为3s，读数延迟2s，校正模式中标准曲线法时选择浓度，用标准加入法时选标准加入法。

③光学参数选项卡。灯位"2"；灯电流4.0mA；波长228.8nm。

④标样选项卡。根据自己所配标样浓度在对应栏中输入浓度值。

⑤校正选项卡。曲线拟合法可选线性。

⑥进样器选项卡。单击"添加"，选择要加入自动进样盘的标样及未知样，输入标样的浓度。

编辑完以上参数后单击"确定"（图8-19）。

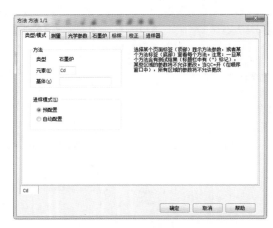

图8-18　参数设置对话框

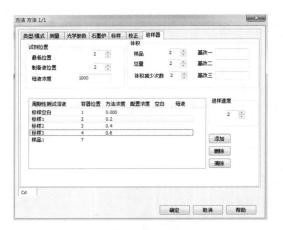

图8-19　参数设置完成

8.3.4.2　优化镉元素灯

（1）单击"分析"进入分析窗口（图8-20）。

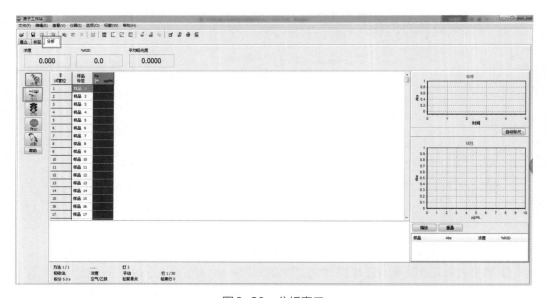

图8-20　分析窗口

然后单击"优化"，弹出"优化"对话框，选择Cd元素（图8-21）。

单击"确定"，弹出"分析检查清单"对话框（图8-22）。

图8-21 优化窗口

图8-22 分析检查清单窗口

如果Cd元素灯安装到位置2，则完成处显示"是"，单击"确定"，弹出"石墨炉优化"对话框；如果Cd元素灯未安装到位置2，则完成处显示"否"，单击"取消"，安装Cd元素灯（图8-23）。

（2）单击"增益"，元素灯信号减小，增益值减小；然后旋转元素灯室镉元素灯座后的黑色旋钮（如图8-23所示，鼠标指向2号灯位后的黑色旋钮，鼠标指针变为手型，左键单击），元素灯信号增大，增益值增大；再次单击"增益"，直到元素灯信号及增益逐渐稳定。

（3）设置炉体高度。燃烧头高度5mm（具体数值可根据教师教案进行设置）（图8-24）。

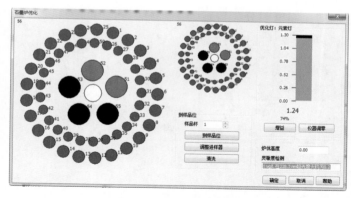

图8-23 安装元素灯

图8-24 设置炉体高度

8.3.4.3 样品杯放入自动进样盘

左击样品盘盖子打开，鼠标指向空白标样小样品杯，鼠标指针变为手型，单击右键，弹出"装入自动进样盘"菜单，单击该菜单，将空白标样小样品杯放入自动进样盘的1号位置；同样的方法，将标样及未知样加入自动进样盘（图8-25）。

图8-25 自动进样盘

8.3.4.4 测量镉元素

（1）依次单击选择→样品1（样品2或者样品3）→选择，根据实际需要选择测试样品，如样品1、样品2等（图8-26）。

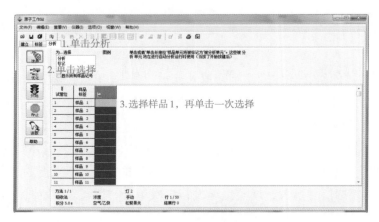

图8-26 样品选择窗口

（2）开始测试。单击"开始"，确认分析检查清单，单击"确定"，出现仪器调零对话框。单击"确定"，对仪器调零，弹出"分析检查清单"对话框，单击"确定"，弹出提示对话框（图8-27）。根据提示，完成测试内容。

图8-27 样品测试对话框

（3）采集数据。进样完毕后，采集空白标样信号，采集完成后，工作站中自动读取空白标样吸光度；然后自动进标样及未知样，最终得到未知样中镉的浓度（图8-28）。

图8-28 数据采集窗口

8.3.5 关机

（1）关闭原子化器电源，关闭石墨炉主机电源。
（2）关掉氩气管路的总阀，再关闭减压阀。
（3）退出工作站，关掉计算机电源。

 ## 8.4 实物实验

8.4.1 仪器设备与材料

线路板粉末、石墨炉原子吸收光谱仪、硝酸（优级纯）、盐酸（优级纯）。

8.4.2 测试内容

准确称取一定量样品置于烧杯，依次加入一定配比的盐酸和硝酸溶解，在80℃水浴条件下反应1小时，过滤后定容，用4%稀硝酸稀释一定倍数后，采用测定主要金属浓度（Cu，Pb，Sn，Ag，Fe，Zn，Mg等），注重分析金属铜的分布规律。

8.4.3 数据处理

数据填入表8-1、表8-2。

表8-1 标准曲线数据

浓度/ppm				
吸光度值				

表8-2 测试数据

金属离子						
吸光度值						
浓度/ppm						

8.5　思考题

石墨炉测试时通氩气的目的是什么？哪些因素会影响最终的测试结果？

第 9 部分
X 射线粉末衍射仪测定固体废物的结构

PART **9**

9.1 实验目的

（1）了解X射线衍射的基本原理以及粉末X射线衍射测试的基本目的。

（2）掌握晶体和非晶体、单晶和多晶的区别。

（3）了解使用相关软件处理XRD测试结果的基本方法。

9.2 实验原理

X射线是电磁波，入射晶体时基于晶体结构的周期性，晶体中各个电子的散射波可相互干涉。散射波周相一致相互加强的方向称衍射方向。衍射方向取决于晶体的周期或晶胞的大小，衍射强度是由晶胞中各个原子及其位置决定的。由倒易点阵概念导入X射线衍射理论，倒易点落在Ewald球上是产生衍射必要条件。

1912年劳埃等人根据理论预见，并用实验证实了X射线与晶体相遇时能发生衍射现象，证明了X射线具有电磁波的性质，成为X射线衍射学的第一个里程碑。当一束单色X射线入射到晶体时，由于晶体是由原子规则排列成的晶胞组成，这些规则排列的原子间距离与入射X射线波长有相同数量级，故由不同原子散射的X射线相互干涉，在某些特殊方向上产生强X射线衍射，衍射线在空间分布的方位和强度，与晶体结构密切相关，这就是X射线衍射的基本原理。衍射线空间方位与晶体结构的关系可用布拉格方程［式（9-1）］表示：

$$2d\sin\theta = n\lambda \tag{9-1}$$

式中：d——晶面间距；

n——反射级数；

θ——掠射角；

λ——X射线的波长。

布拉格方程是X射线衍射分析的根本依据。

X射线衍射（XRD）是所有物质，包括从流体、粉末到完整晶体，重要的无损分析工具。对材料学、物理学、化学、地质、环境、纳米材料、生物等领域来说，X射线衍射仪都是物质结构表征，以性能为导向研制与开发新材料，宏观表象转移至微观认识，建立新理论和质量控制不可缺少的方法。其主要分析对象包括：物相分析（物相鉴定与定量相分析），晶体学（晶粒大小、指标化、点参测定、解结构等），薄膜分析（薄膜的厚度、密度、表面与界面粗糙度与层序分析，高分辨衍射测定单晶外延膜结构特征），织构分析、残余应力分析，不同温度与气氛条件与压力下的结构变化的原位动态分析研究，微量样品和微区试样分析，实验室及过程自动化、组合化学，纳米材料等领域。

9.3　虚拟仿真实验

9.3.1　启动仪器

（1）单击场景中冷却水模块的开关，打开冷却循环水系统（图9-1）。同时，显示仪表中显示相应的温度，其中PV为当前循环水温度，SP为设定温度值，通过单击 ∨ ∧ 可对设定的温度进行调节；单击 按钮可对循环水温度进行调节，直至PV的值与SP一致为止。

（2）将视角移至X射线衍射仪的侧面（图9-2）。

单击"主开关电源"按钮 ，开关旋钮从0转到1，接通电源；按下按钮 ，仪器开始自检，当高压按钮 显示为 时，表明自检完成（图9-3）；按下高压按钮，当按钮显示黄色辐射标志 ，表明仪器高压开启完成。

图9-1　循环水系统

图9-2　X射线衍射仪的侧面　　　　　图9-3　仪器自检

注意：单击紧急停止按钮 ![] 后，会对仪器造成不可逆损害，非特殊情况请勿按下。

（3）打开计算机主机电源，单击计算机桌面上的工作站图标，弹出工作站窗口（图9-4、图9-5）。

图9-4　单击工作站图标　　　　　　　图9-5　工作站窗口

如若没打开仪器就打开了工作站，那么弹出的工作站窗口如图9-6所示。该种情况下，待X射线衍射仪打开后，单击菜单栏中的"File→Connect"命令，在弹出的窗口中单击"Connect"命令，就可将工作站连接，工作站变为如图9-7所示样式。

图9-6　未打开仪器的工作站窗口

图9-7　单击菜单栏中的"File→Connect"命令

9.3.2　样品测定

9.3.2.1　装样

（1）左键单击门禁按钮 ▦ 。

（2）鼠标指向仪器门上的黑色把手处，指针变为手型，单击将仪器的门打开（图9-8）。

（3）切换到实验桌界面，右键单击空样品片，单击放入样品（图9-9）。然后依次右键单击样品片，单击放入样品座；右键单击样品座，单击放入样品台（图9-10）。

图9-8　打开仪器门

图9-9　放入样品

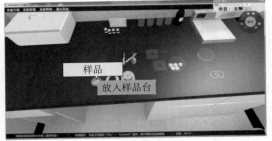

图9-10　放入样品台

（4）放入样品台后再次单击门把手，关好门，然后单击门禁按钮，将门锁紧。

9.3.2.2　工作站设定

（1）初始化。在commander界面上，在 Drive　Unit Actual　Edited 中，勾上复选框，然后单击按钮 🔧，对所有仪器进行初始化（图9-11）（在每次开机时需要进行初始化，仪器会自动提醒，未初始化显示为叹号！，初始化正常后显示为对勾 ☑）。

（2）设置狭缝。单击 DA VINCI 或者图标 ⚙ DA VINCI，打开DAVINCI界面（图9-12）。

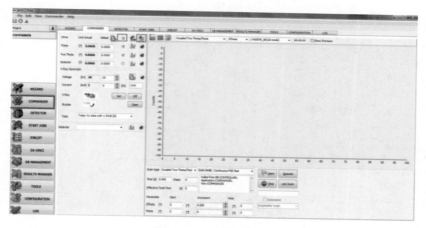

图9-11 仪器初始化

图9-12 打开DAVINCI界面

在如图9-13所示的1处和2处分别输入数值设置发散狭缝数值，如"0.6nm"（具体数值设置可根据实际情况）。

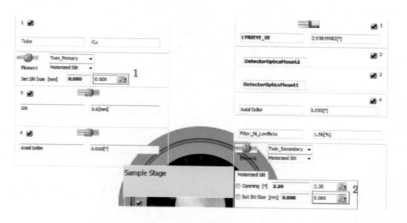

图9-13 设置发散狭缝数值

在如图9-14所示的3处和4处编辑框中填入数值，设定索拉狭缝数值，如"2.5"（具体数值设置可根据实际情况）。

图9-14 设定索拉狭缝数值

（3）返回至Commander界面，在5处设置电压40kV，电流40mA，然后单击按钮 Set ，将设置值读取到当前值；打开shutter；在6处选择探测器，如选择LNXEYE—XE；7处Time填写每步扫描时间，如"0.1"，并按Enter键确认；在8处Start处填写起始终止角度，并填写扫描步长，如"0.02"，按Enter键确认。如图9-15所示，图中具体参数设置可根据实际情况。

Fe粉样品不得选用 Scintillation Counter 探测器。

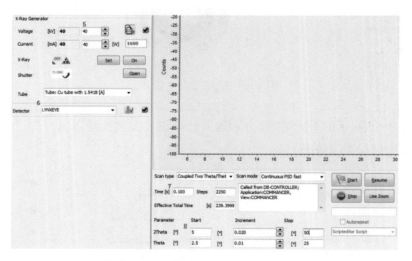

图9-15 设置Commander界面数值

（4）测试。参数填写完成后，单击工作站页面中的按钮 Start 开始测试，结果如图9-16所示。

注意：测试过程中无故不得打开仪器舱门，以防受到X射线辐射伤害。如需打开舱门需先提前关闭Shutter ，再打开舱门。

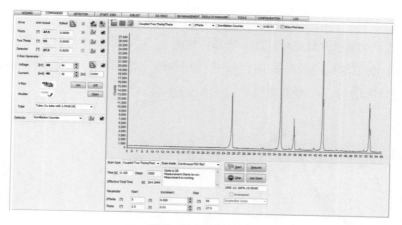

图9-16　开始测试

测试过程中，单击按钮 _{Stop}，停止当前测试；单击按钮 Resume，继续测试。

（5）保存。单击左上角处的保存按钮 ，弹出"另存为"对话框。在弹出的窗口中处选择保存路径，填写要保存文件的名称。填写完成后，单击"保存"（图9-17）。

图9-17　保存文件

（6）优化测试谱图。改变测试条件，查看不同参数下谱图情况，从中找到最佳测试条件。可按表9-1所示的条件进行实验。

表9-1　测试条件

项目	发散狭缝（mm）	索拉狭缝（°）	扫描范围（°）	扫描步长（°）	每步时间（s）	探测器模式
实验一	0.6	2.5（前后）	20~80	0.01	0.1	常规模式
实验二	0.6	2.5（前后）	20~80	0.01	0.02	常规模式
实验三	0.6	2.5（前后）	20~80	0.06	0.1	常规模式
实验四	0.6	2.5（前后）	20~80	0.02	0.1	常规模式

（7）其余实验项目的操作步骤类似。

①X射线衍射测试PMMA实验（非晶体样品）。对于非晶体材料，由于其结构不存在晶体结构中原子排列的长程有序，只是在几个原子范围内存在着短程有序，故非晶体材料的XRD图谱为一些漫散射馒头峰（图9-18）。

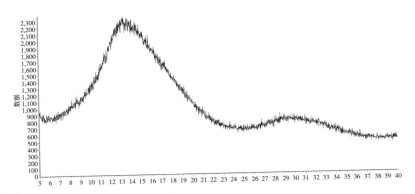

图9-18　非晶体材料的XRD图谱

改变测试条件，查看不同参数下谱图情况，从中找到最佳测试条件，可按表9-2所示的条件进行实验。

表9-2　测试条件

项目	发散狭缝（mm）	索拉狭缝（°）	扫描范围（°）	扫描步长（°）	每步时间（s）	探测器设置
实验一	0.6	2.5（前后）	5~40	0.02	0.1	常规模式
实验二	0.6	2.5（前后）	5~40	0.2	1	常规模式

②X射线衍射测试Fe粉实验（荧光样品）。荧光样品在常规模式下得到很高的荧光背底，影响测量结果，如图9-19所示。去荧光模式下可大大降低基底，得到较佳的测量结果。

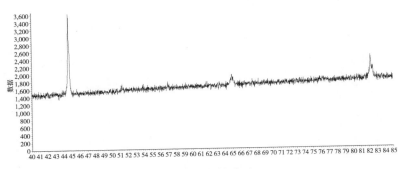

图9-19　荧光背底

改变测试条件，查看常规模式和去荧光模式下荧光样品（Fe粉）谱图的差别，可按表9-3所示的条件进行实验。

表9-3　测试条件

项目	发散狭缝（mm）	索拉狭缝（°）	扫描范围（°）	扫描步长（°）	每步时间（s）	探测器设置
实验一	1	2.5（前后）	40~85	0.02	0.1	常规模式
实验二	1	2.5（前后）	40~85	0.02	0.1	去荧光模式 LYNXEYE—XE

③X射线衍射测试氯化钠样品：结果如图9-20所示。

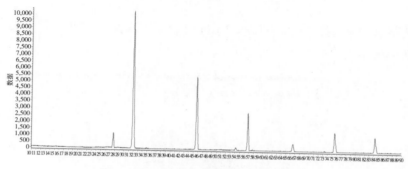

图9-20　氯化钠样品的X射线衍射图谱

④X射线衍射测试矿物岩石样品：结果如图9-21所示。

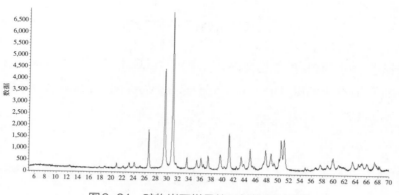

图9-21　矿物岩石样品的X射线衍射图谱

9.3.3　物相分析

（1）以矿物岩石的谱图为例，分析岩石中的具体成分。单击计算机桌面上的图标 ，打开EVA物相分析窗口（图9-22）。

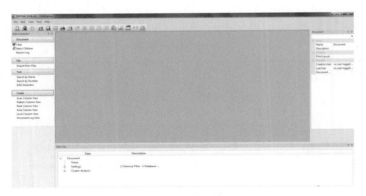

图9-22　打开EVA物相分析窗口

（2）从菜单栏中选择"File→Import from Files"（或者单击功能按钮 ），将谱图文件加载到EVA中（图9-23）。

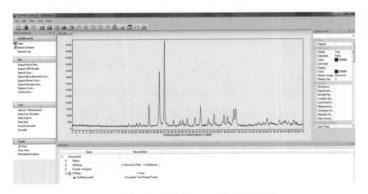

图9-23　加载谱图至EVA物相分析窗口

（3）选择进行物相分析的数据文件名，鼠标右键单击，选择"Tools→Background"命令（图9-24）。在弹出的窗口中，单击Append Background as a Scan按钮（图9-25）。

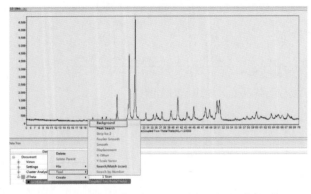

图9-24　选择"Tools→Background"命令

图9-25　单击Append Background as a Scan按钮

（4）选择进行物相分析的数据文件名，鼠标右键单击，选择"Tool→Search/Match(scan)"命令（图9-26）。

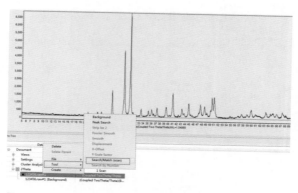

图9-26　选择"Tool→Search/Match(scan)"命令

在弹出的物相分析窗口中单击Chemical Filter按钮（图9-27），选择可能存在的元素名称（图9-28），使相应的元素变灰。

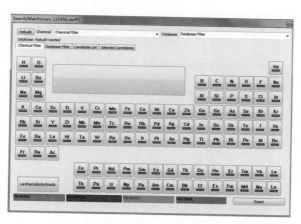

图9-27　单击Chemical Filter按钮

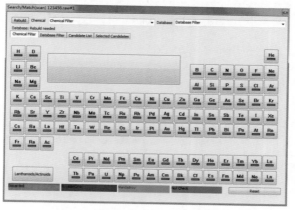

图9-28　选择可能存在的元素名称

单击 Database Filter 按钮，选中"PDF-2 2004"，单击 Rebuild 按钮，在"Filter→Subfiles"中选择相应的文件（如 Mineral、Inorganic），勾选前面的复选框（图9-29）。

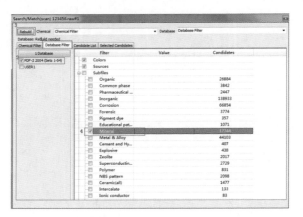

图9-29　选择相应的文件（Mineral、Inorganic）

单击"Candidate List→Search"按钮（图9-30），鼠标单击列表中的每行时，每个序号在 1D View 窗口有对应的标准谱线，勾选与 ore. raw 的峰重合的序号（图9-31）。通过物相分析得出矿物岩石中含有白云石（Dolomite）、石英（Quartz）、方解石（Calcite）。

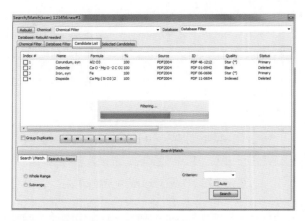

图9-30　单击"Candidate List→Search"按钮

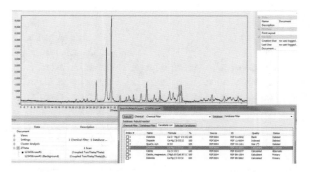

图9-31　勾选与 ore. raw 的峰重合的序号

9.3.4 关机

（1）鼠标指向仪器的门，指针变为手型，单击将门打开，单击取出样品架，将样品架取出，最后将门关上。

（2）在File下单击Exit，退出XRD工作站。

（3）按下高压按钮，显示I，关闭高压。

（4）按下关机按钮，将仪器关机。

（5）旋转电源按钮到位置0，关闭电源。

（6）关闭计算机电源。

（7）关闭冷却水电源。

9.4　实物实验

9.4.1　仪器和试剂

（1）仪器：Rigaku公司Ultima Ⅳ型衍射仪。

（2）测试条件：管电压40kV；管电流40mA；X光管为铜靶，波长1.5417Å；步长0.06°，扫描速度0.3s；扫描范围为20°~80°。

（3）试剂：固体废物样品A、B、C、D。

9.4.2　XRD测试

9.4.2.1　开机

（1）开循环水。

（2）开变压器。

（3）开主机。旋钮由水平到垂直状态。开机后主机的Operate灯处于绿色的闪烁状态，持续几秒后，Operate灯会变为稳定的绿色。当主机在运行过程中出现故障时（如X射线无法开启），此Operate灯会出现规律性闪烁并报警。

（4）打开计算机，联机图表变蓝，联机成功。

（5）打开计算机XG Operation软件，单击X-Ray ON按钮（第三个辐射图标，单击后30s左右后X射线才会打开），打开X射线后X-Ray ON的红色警示灯亮起。

（6）X射线开启，运行老化程序（单击第四个图标），老化程序约15min，管电压40kV，管电流40mA，功率1.6kW。

9.4.2.2 测量

（1）样品：粉末样200目（即60~70μm，手指研磨无颗粒感）；铺满样品台凹槽为宜；织物样品可直接粘贴于铝样品台上（放入样品台时检查是否与载物端口切合对好）。

（2）当主机处于通电状态时，要开启仪器的屏蔽门，需要按一下门上的"Door lock"按钮。当警报声规律性的"嘀、嘀"声时，可以开启屏蔽门。关上屏蔽门时，再按一下"Door lock"按钮，警报声解除。

（3）打开Standard measurement软件进行测量。

①USE栏单击选择"Yes"。

②Print栏：需要打印选择"Yes"，不需要选择"No"。

③单击"browse"，设置测试文件，保存名称与路径，文件名不能空格。

④双击condition下"1"，在测量条件对话框内，选择序号，并在Use栏选择"Yes"，然后输入测量的起始角（10°），终止角（80°），扫描速度（10°/min），测量的管电压（40kV），电流（40mA），DHL 10mm，Sctslit 8mm，Recslit open。条件设定好后关闭对话框。

⑤勾选"init position"，单击"execute measurement"键开始测量，提示"Finish"，"Standby"测量结束。

⑥测量完成后，数据可由Bingdly软件将数据转换为txt文本格式，注意勾选"profile data"。

9.4.3 实验数据及结果

对所测定样品的XRD图谱进行物相检索，判断待测样品主要成分、晶型及晶胞参数。

9.5 思考题

（1）简述X射线衍射分析的特点和应用。

（2）简述X射线衍射仪的工作原理。

第10部分
气相色谱法测定固体废物中的有机化合物

 ## 10.1 实验目的

（1）了解挥发性有机物对环境和人体健康的危害作用。

（2）了解气相色谱法的实验原理，研究测定固体废物中的挥发性有机物。

（3）掌握气相色谱法实验的基本操作。

 ## 10.2 实验原理

固体废物中挥发性有机物前处理方法是通过挥发性物质的挥发而产生一定的蒸汽压，并在一定条件下达到气液平衡，取气相样品进行色谱分析。通过气相色谱进行分离，并利用质谱仪进行检测。通过质谱图和保留时间进行定性，用内标法进行定量。

挥发性有机物对人体有急性或慢性毒性作用，严重危害环境和人体健康。挥发性有机物指沸点在50~200℃，蒸汽压大于133.32Pa的所有有机物，包括脂肪烃、芳香烃以及它们的取代物。随着人们对生存环境的关注，对挥发性有机物的研究越来越受到重视，但研究的方向主要集中在气和水。对于固体废物中挥发性有机物研究不多，多是采用吹扫等前处理方法；本实验采用气相色谱质谱法，主要研究测定固体废物中的挥发性有机物。

气相色谱条件：

毛细管色谱柱：DB-624，60mm×0.25mm×1.41μm。

柱温：40℃（2min）—8℃/min—90℃（4min）—6℃/min—200℃（15min）。

进样口温度：250℃。

接口温度：230℃。

柱流速：1.0mL/min。

隔垫吹扫流量：3mL/min。

分流比：5∶1。

质谱条件扫描范围：35~300amu。

扫描速度：1sec/scan。

离子化能量：70eV四级杆温度：150℃。

离子源温度：230℃。

10.3 虚拟仿真实验

10.3.1 启动仪器

10.3.1.1 开气体

（1）鼠标指向氮气管路总压阀门，鼠标指针变为手型，左键单击，总压阀一侧弹出压力调节窗口（图10-1）。单击窗口中的"+""－"对钢瓶总压阀的开度进行调节，其中单击"+"表示加大总压阀开度；单击"－"表示减小总压阀开度。

（2）打开氮气总压阀后，通过调节减压阀对钢瓶的输出压力进行控制（图10-2）。鼠标指向减压阀 ，鼠标指针变为手型，左键单击，弹出压力调节窗口。单击窗口中的"+""－"对减压阀的开度进行调节，控制氮气出口压力为0.5MPa。其中，单击"+"表示加大减压阀开度，减压阀顺时针旋转；单击"－"表示减小总压阀开度，减压阀逆时针旋转。

图10-1　氮气总压阀

图10-2　氮气减压阀

10.3.1.2 开仪器

（1）鼠标指向气相色谱仪主机电源，指针变为手型，单击打开仪器，此时仪器显示屏变亮（图10-3）。

（2）左键单击计算机主机电源，打开计算机（图10-4）。单击计算机桌面上的工作站图标，启动工作站软件，弹出工作站窗口（图10-5）。

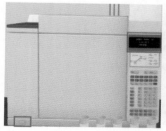
图10-3　打开仪器

图10-4　打开计算机

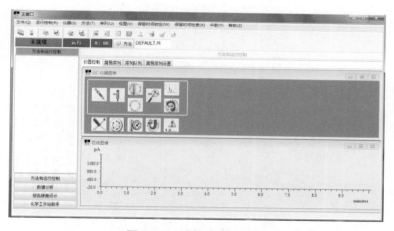
图10-5　启动工作站软件

10.3.2　标样配制

（1）单击主界面菜单栏中的样品配制标签（图10-6），弹出"标样的制备"对话框。在"标样的制备"对话框中（图10-7），输入标准储液的体积和定容体积，配制不同浓度的标准样（具体配制的标样浓度可根据实际情况而定）。

图10-6　进行样品配制

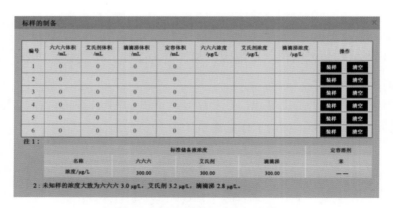

图10-7 配制不同浓度标准样

（2）例如，在编号为1的一栏中输入标准储液的体积为0.1，定容体积为10后，列表会自动计算出标样中"六六六""艾氏剂"和"滴滴涕"的浓度并显示在表中。单击"装样"命令后，实验台上编号为1的样品瓶中装入标样（图10-8、图10-9）。单击"清空"命令可取消该标样的配制，桌面上1号样品瓶中的标样以及列表中的数据都被清空。

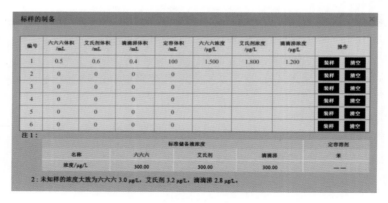

图10-8 装样

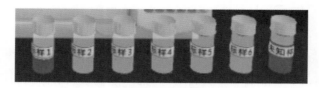

图10-9 装样完成

注意：①必须在配样前打开工作站。

②未知样中六六六、艾氏剂、滴滴涕的浓度分别为3.0μg/mL、3.2μg/mL、2.8μg/mL左右。

③标准储备液中六六六、艾氏剂、滴滴涕的浓度分别为1.00μg/mL、1.00μg/mL、1.00μg/mL。

10.3.3 样品测定

10.3.3.1 运行工作站

（1）编辑完整方法。在工作站窗口"方法"菜单下选择"编辑整个方法"命令，进入方法设置界面（图10-10）。选中除"数据采集"外两项，单击"确定"，弹出"方法信息"对话框（图10-11）。在该对话框中填入关于该方法的注释（也可不填），单击"确定"。

（2）进样器选择。在弹出的"选择时样源/位置"对话框中选择进样方式为"手动"，单击"确定"，进入下一操作（图10-12）。

图10-10　编辑方法

图10-11　确定方法信息

图10-12　选择进样器

（3）编辑GC参数。在"编辑GC参数"对话框中编辑进样口、柱箱和检测器等参数（图10-13）。

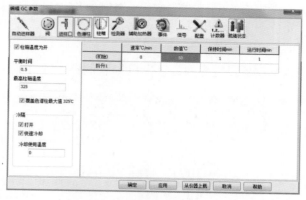
图10-13　编辑GC参数

单击图标🖳，进入柱温参数设定画面。选中"柱箱温度为开"，在空白表框中输入升温速率、数值和保持时间等数值。如图10-14所示为一程序升温的举例。

图10-14　程序升温举例

单击图标，进入进样口设定画面，在该页面中可对进样模式、进样口温度等参数进行设置（图10-15）。

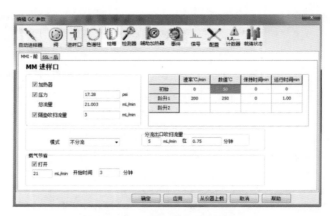

图10-15　进样口参数设置

单击图标，进入检测器设定界面，选择ECD检测器（图10-16）。

图10-16　选择ECD检测器

（4）保存方法。所有参数设置完毕后，单击"确定"，弹出"方法另存为"对话框（图10-17）。在该对话框中输入方法文件名，如GC_ESTD，单击"确定"，保存方法成功。

图10-17　保存方法

（5）样品信息设置。回到工作站主界面，在"运行控制"菜单下选择"样品信息"，弹出"样品信息"对话框（图10-18）。

在该对话框中，填写信号1的前缀名称、计数器名称和样品名称。填写方式表示本实验中第一个样品的数据文件名称为GC01.D，样品名称为有机氯农药含量的测定，填写完成后单击"确定"。

（6）运行方法。在"运行控制"菜单下选择"运行方法"命令（图10-19），运行当前编辑的方法。然后单击仪器面上的准备运行按钮，等待仪器准备就绪。

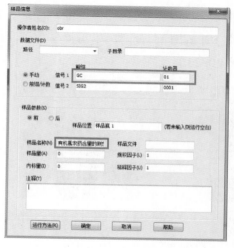

图10-18　"样品信息"对话框

图10-19　选择运行方法命令

10.3.3.2　进样分析

以标样1的分析为例，阐述样品测定的过程。

（1）鼠标指向标样1的样品瓶后，鼠标指针变为手型。右键单击，弹出"打开瓶盖"的操作提示，单击该命令，1号瓶的瓶盖逆时针旋转几圈后放置在桌面上（图10-20）。

图10-20　打开瓶盖

接下来，将鼠标指向色谱仪前放置的进样针，指针变为手型，右键单击，弹出"移到吸取位置"的操作提示，单击该命令，进样针移至1号瓶瓶口处（图10-21）。

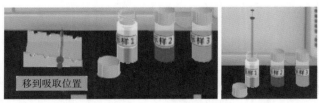

图10-21　移到吸取位置

右键单击进样针，弹出操作提示，分别为"吸取"和"放回至进样针架"（图10-22）。若不想吸取本样品瓶内的液体，单击"放回至进样针架"；单击"吸取"，则进样针从1号瓶中吸取液体。

（2）吸取后，右键单击进样针，弹出操作提示，分别为"移至进样位置"和"清空并放回"。若想取消本次吸取，单击"清空并放回"；否则，单击"移至进样位置"，进样针移至色谱仪进样口处，等待进样（图10-23）。

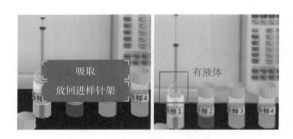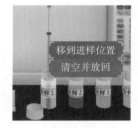

图10-22　吸取并放回至进样针架　　　　　图10-23　移至进样位置、清空并放回

（3）右键单击色谱仪进样口处的进样针，弹出"进样"的操作提示，单击该命令（图10-24），进样针针杆推下，完成进样并放回至针架，随后单击仪器面板上的开始按钮，进行测定（图10-25），工作站画面中有图谱出现。

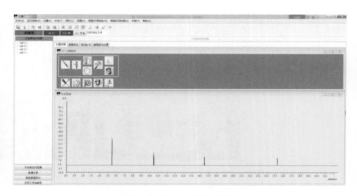

图10-24　进样　　　　　　　　　　　　　图10-25　开始测定

（4）重复上文中样品信息设置（图10-18）和运行方法（图10-19）的步骤，测定其他标样和未知样品的谱图。

注意：每次测定时都需要对样品信息进行更改，否则上一次测定的数据将被覆盖，如测定标。

测定样品2时可将计数器内的内容改为002，则保存的文件名为GC002.D（图10-26）。

图10-26　修改计数器内容

10.3.4　数据分析

（1）调用谱图。单击工作站窗口中的"数据分析"命令进入数据分析界面。从"文件"菜单下选择"调用信号"命令，弹出"调用信号"对话框（图10-27、图10-28）。

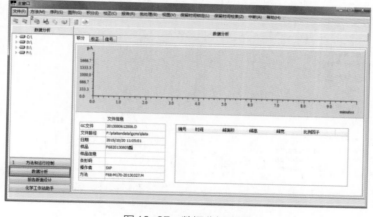

图10-27　数据分析界面

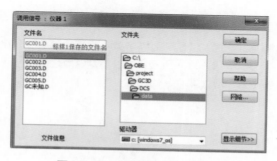

图10-28　"调用信号"对话框

在"调用信号"对话框查找所需谱图的文件名，例如，标样1保存的文件名为GC001.D，单击选择该文件后，单击"确定"，工作站中显示标样1的谱图（图10-29）。

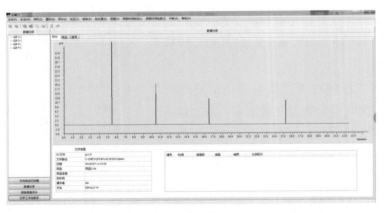

图 10-29　查找调出谱图

（2）积分参数设定。从"积分"菜单下选择"自动积分"命令，对当前调用的谱图自动积分，显示积分结果。积分优化：一定先从自动积分开始，通过自动积分找到适合当前色谱图的5个初始化参数（图10-30、图10-31）。

图 10-30　选择自动积分

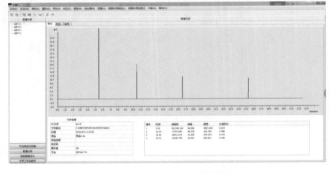

图 10-31　显示积分结果

从"积分"菜单下选择"积分事件"命令，进入积分参数设置页面（图10-32、图10-33）。

图 10-32　选择积分事件

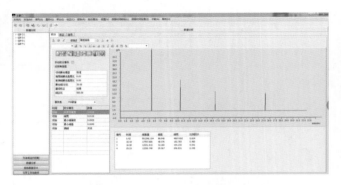

图 10-33　积分参数设置页面

在该界面中去掉溶剂峰以及多余的杂峰。具体步骤操作如图10-34~图10-38所示。

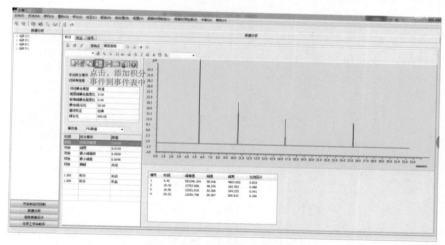

图10-34　添加积分事件到积分表中

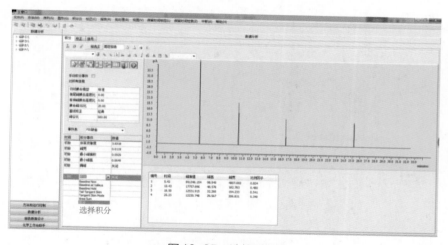

图10-35　选择积分

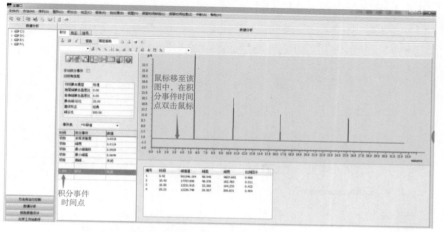

图10-36　选择积分事件时间点

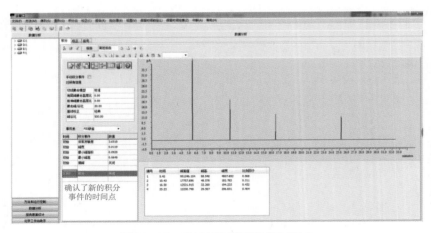

图 10-37　确认新积分事件的时间点

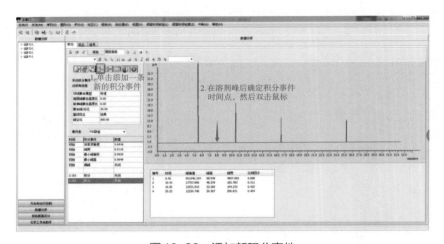

图 10-38　添加新积分事件

单击"执行积分"图标，对当前谱图重新进行积分，积分结果去除了溶剂峰，保留了三个组分（图 10-39）。

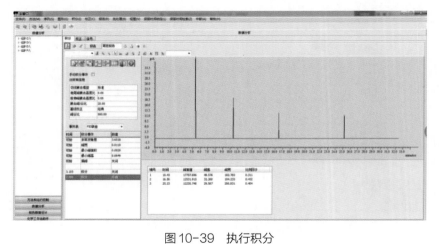

图 10-39　执行积分

单击"退出/保存"图标，当前的积分事件表就会保存到方法中（图10-40）。

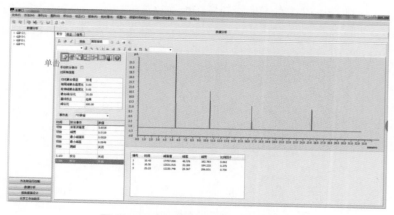

图10-40 保存积分事件表到方法中

（3）建立校正表。

①级别1设定。在"校正"菜单下选中"新建校正表"命令，弹出"校正：仪器1"对话框（图10-41、图10-42）。

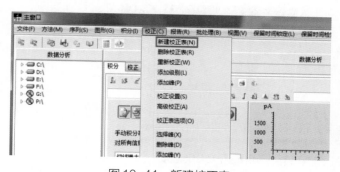

图10-41 新建校正表

图10-42 修改级别

在级别处填入"1"，单击"确定"后，进入下一操作（图10-43）。

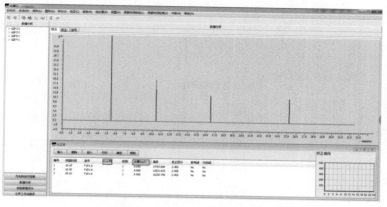

图10-43 输入化合物名称和组分浓度

在图10-43所示的化合物和含量两列中，分别输入化合物的名称以及组分的浓度，输入完成后，单击其他行可以在右下角看到校正点，这就完成了级别1的设定（图10-44）。

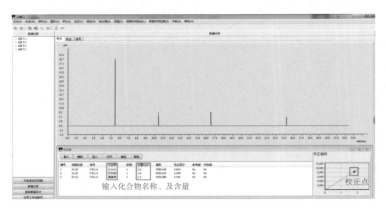

图10-44　观察校正点

②级别2设定。从"文件"菜单中选择"调用信号"命令，在弹出的"调用信号：仪器1"对话框中选择标样2的文件名（图10-45）。

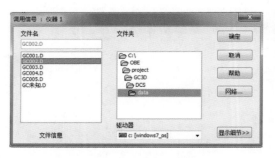

图10-45　调用信号GC002.D

单击"确定"后，工作站中显示标样2的谱图。接下来，从"校正"菜单下选择"添加级别"的命令，单击后弹出"添加级别"对话框，在该对话框中级别处填入"2"，单击"确定"（图10-46、图10-47）。

图10-46　添加级别　　　　　　图10-47　修改级别为2

在相应组分的第二个级别的含量一栏中输入相应的数值（图10-48）。

图10-48　输入含量

输入数值后，单击其他行，右下角校正曲线上出现第二个校正点（图10-49）。

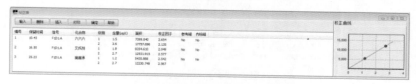

图10-49　出现第二个校正点

③级别3校正。从"文件"菜单中选择"调用信号"命令，在弹出的对话框中选择标样3的文件名（图10-50）。

单击"确定"后，工作站中显示标样3的谱图。接下来，从"校正"菜单下选择"添加级别"的命令，单击后弹出"添加级别"对话框，在该对话框中级别处填入"3"，单击"确定"（图10-51）。

图10-50　调用信号GC003.D

图10-51　修改级别3

在相应组分的第三个级别的含量一栏中输入相应的数值，输入数值后，右下角校正曲线上出现第三个校正点（图10-52）。

图10-52　出现第三个校正点

以此类推，按照上述等级设定的步骤，完成对级别4、级别5的设定。

（4）未知样的测定。从"文件"菜单中选择"调用信号"命令，在弹出的对话框中选择未知样的文件名，单击"确定"（图10-53）。

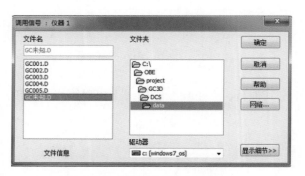

图10-53　调用信号GC未知.D

从"报告"菜单中选择"设定报告"命令，弹出"设定报告：仪器1"对话框（图10-54、图10-55）。

图10-54　设定报告

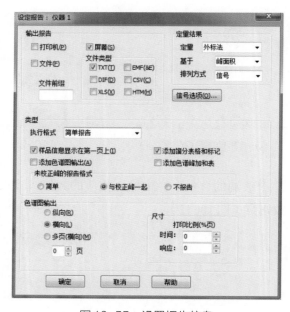

图10-55　设置报告信息

10.4　实物实验

10.4.1　仪器和试剂

（1）仪器：安捷伦7890A-5975C气相色谱质谱联用仪。

（2）试剂：空白试剂水；甲醇（CH_3OH），色谱纯；氯化钠（$NaCl$），优级纯，400℃下纯化4h；磷酸（H_3PO_4），优级纯；挥发性机物混合标准样品。

10.4.2　测试

（1）样品采集。在已知皮重的样品瓶中加入10mL基质修正液，将采集的固体废物样2g置于瓶中，一部分样品瓶加入2μL内标物，内标物浓度为250.0μg/kg，立即封盖，等待分析样品的本底浓度；另一部分样品瓶依次加入挥发性有机物混标、替代物质、内标物质，立即封盖。挥发性有机物混标、替代物浓度均为100.0μg/kg，内标物质浓度为250.0μg/kg。

（2）校准曲线。对浓度分别为25.0μg/kg、50.0μg/kg、100.0μg/kg、250.0μg/kg和500.0μg/kg 5个浓度水平的石英砂进行分析测定，采用内标法计算各组分5个响应因子的均值及其相对标准偏差RSD（%）。各组分5个浓度水平响应因子的相对标准偏差均小于20%。

（3）方法检出限。本实验按连续分析7个接近于检出限浓度的实验室空白加标样品，计算其标准偏差S。方法检出限按照$MDL=St(n-1, 0.99)$计算。其中：$t(n-1, 0.99)$为置信度为99%、自由度为$n-1$的t值；n为重复分析的样品数。

10.5　思考题

（1）阐述内标法的特点及基本步骤。

（2）气相色谱法测定固体废物中有机化合物的前处理方法有几种？

第10部分　气相色谱法测定固体废物中的有机化合物

143

第 11 部分

毛细管气相色谱法测定苯系物混合物中各组分含量（归一化法）

11.1　实验目的

（1）学习气相色谱的基本构造和原理。

（2）掌握气相色谱的操作方法和分析方法，能够通过GC分离测定来对目标化合物进行分析鉴定。

11.2　实验原理

气相色谱仪由载气、进样器、色谱柱、柱温控制系统、检测器、记录仪等几部分组成。GC 主要是利用物质的沸点、极性及吸附性质的差异来实现混合物的分离。待分析样品经进样器汽化后被载气带入色谱柱，由于样品中各组分的沸点、极性或吸附性能不同，每种组分都倾向于在流动相和固定相之间形成分配或吸附平衡。由于载气的流动，使样品组分在运动中进行反复多次的分配或吸附/解吸附，使载气中浓度大的组分先流出色谱柱，而在固定相中分配浓度大的组分后流出。当组分流出色谱柱后立即进入检测器，检测器能够将样品组分的信息转变为电信号，而电信号的大小与被测组分的量或浓度成正比。

大部分的原料和产品都可采用气相色谱法来分析；在电力部门中可用来检查变压器的潜伏性故障；在环境保护工作中可用来监测城市大气和水的质量；在农业上可用来监测农作物中残留的农药；在商业部门中可用来检验及鉴定食品质量的好坏；在医学上可用来研究人体新陈代谢、生理机能；在临床上用于鉴别药物中毒或疾病类型；在宇宙舱中可用来自动监测飞船密封舱内的气体等。

已知一混合物中含苯、甲苯、乙苯、丙苯，采用气相色谱法对四种物质实现分离并试用归一法对各组分进行定量。

归一化法计算公式：

$$w_i = \frac{m_i}{m_1 + m_2 + \cdots + m_n} = \frac{f_i \cdot A_i}{\sum f_i \cdot A_i} \times 100\% = \frac{A_i}{\sum A_i} \times 100\% \quad (11-1)$$

■ 11.3 虚拟仿真实验

以小青菜中拟除虫菊酯的检测为例。

11.3.1 实验准备——标样配制

（1）单击主界面菜单栏中的"样品配制"标签，弹出样品配制对话框（图11-1）。在样品配制对话框中输入标准储液的体积和定容体积，配制不同浓度的标准样（具体配制的标样浓度以教师教案为准）（图11-2）。

| 实验介绍 | 实验原理 | 仪器配置 | 样品配制 | 帮助说明 | 退出系统 |

图11-1　样品配制窗口

图11-2　标样浓度配制

（2）例如，在编号为1的一栏中输入高效氯氟氰菊酯的体积为1，高效氯氰菊酯的体积为1，溴氰菊酯的体积为1，定容体积为50后，列表会自动计算出标样中高效氯氟氰菊酯、高效氯氰菊酯和溴氰菊酯的浓度并显示在表中（图11-3）。单击“装样”命令后，实验台上编号为1的样品瓶中装入标样；单击“清空”命令，可取消该标样的配制，桌面上1号样品瓶中的标样以及列表中的数据都被清空（图11-4）。

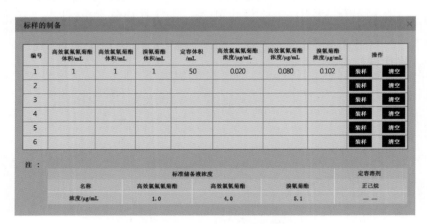

标样的制备

编号	高效氯氟氰菊酯体积/mL	高效氯氰菊酯体积/mL	溴氰菊酯体积/mL	定容体积/mL	高效氯氟氰菊酯浓度/μg/mL	高效氯氰菊酯浓度/μg/mL	溴氰菊酯浓度/μg/mL	操作	
1	1	1	1	50	0.020	0.080	0.102	装样	清空
2								装样	清空
3								装样	清空
4								装样	清空
5								装样	清空
6								装样	清空

注：

标准储备液浓度				定容溶剂
名称	高效氯氟氰菊酯	高效氯氰菊酯	溴氰菊酯	正己烷
浓度/μg/mL	1.0	4.0	5.1	——

图11-3　高效氯氟氰菊酯举例

标样1
标样2
标样3
标样4
标样5
标样6
未知样

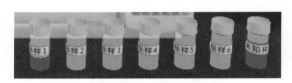

图11-4　装样

注意：标准储备液中高效氯氟氰菊酯、高效氯氰菊酯、溴氰菊酯的浓度分别为1.0μg/mL、4.0μg/mL、5.0μg/mL。

11.3.2　配置仪器

单击“仪器配置”（图11-5）。在二级菜单下选择：

进样方式选择：“进样方式：选择自动进样（前进样口）”。

检测器配置：选择“检测器配置：选择FID（前）+μ-ECD检测器（后）”或者“检测器配置：选择μ-ECD检测器（前）+FPD检测器（后）”。

色谱柱连接方式：选择“色谱柱连接方式：选择前进样口+后检测器”或者“色谱柱连接方式：选择前进样口+前检测器”。

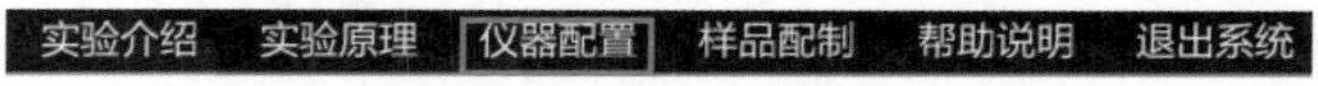

实验介绍
实验原理
仪器配置
样品配制
帮助说明
退出系统

图11-5　仪器配置

11.3.3 开机测试——开机

11.3.3.1 开气体

（1）鼠标指向氮气总压阀门（图11-6），鼠标指针变为手型，左键单击，总压阀一侧弹出压力调节窗口。单击窗口中的"+""-"对总压阀的开度进行调节，其中单击"+"表示加大总压阀开度，阀门逆时针旋转；单击"-"表示减小总压阀开度，阀门顺时针旋转。

（2）打开氮气总压阀后，通过调节氮气减压阀（图11-7）对氮气输出压力进行控制。鼠标指向减压阀，鼠标指针变为手型，左键单击，弹出压力调节窗口。单击窗口中的"+""-"对减压阀的开度进行调节，控制氮气出口压力为0.4MPa。其中单击"+"表示加大减压阀开度，减压阀顺时针旋转；单击"-"表示减小总压阀开度，减压阀逆时针旋转。

 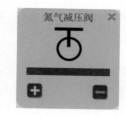

图11-6　氮气总压阀　　　图11-7　氮气减压阀

11.3.3.2 开仪器

（1）鼠标指向气相色谱仪主机电源，指针变为手型，单击打开仪器，此时仪器显示屏变亮（图11-8）。

（2）左键单击计算机主机电源，打开计算机。单击计算机桌面上的工作站图标，启动工作站软件，弹出工作站窗口（图11-9、图11-10）。

图11-8　打开仪器　　　　图11-9　启动工作站软件

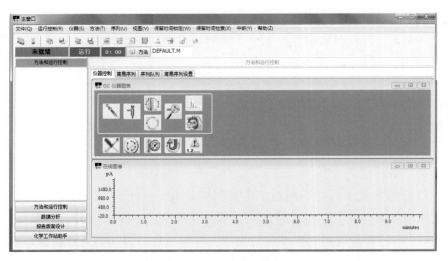

图 11-10　工作站界面

11.3.4　开机测试——样品测定

（1）编辑完整方法。在工作站窗口"方法"菜单下选择"编辑整个方法"命令，弹出"编辑方法"对话框（图 11-11）。

选中除"数据分析"外两项，单击"确定"，弹出"方法信息"对话框（图 11-12）。

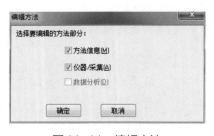

图 11-11　编辑方法

图 11-12　确定方法信息

图 11-13　选择进样源

在该窗口中填入关于该方法的注释（也可不填），单击"确定"。

（2）进样源选择。在弹出的窗口中选择进样方式为"GC 进样器""前"，单击"确定"，进入下一画面（图 11-13）。

（3）编辑 GC 参数。在 GC 参数窗口中编辑进样口、柱箱、色谱柱和检测器等参数（图 11-14）。

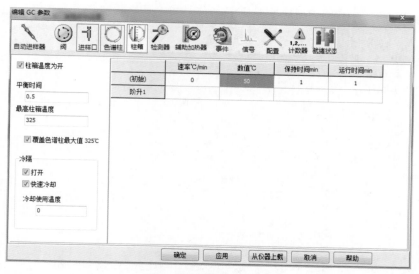

图 11-14　编辑 GC 参数

为一程序升温举例如下：单击图标，进入柱温参数设定画面。选中"柱箱温度为开"，最高柱箱温度编辑框填写"300℃"，在空白表框中输入升温速率、数值和保持时间等数值，单击"应用"（图 11-15）。

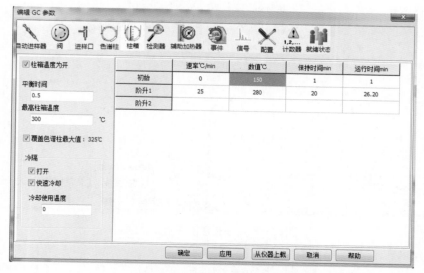

图 11-15　程序升温数值填写

单击图标，进入进样口设定画面，单击"SSL-前"，在该页面中可对进样模式、分流、进样口温度等参数进行设置，然后单击"应用"按钮（图 11-16）。

单击图标，进入色谱柱设定画面，选择流速控制模式，设置色谱柱的流速值，单击"应用"（图 11-17）。

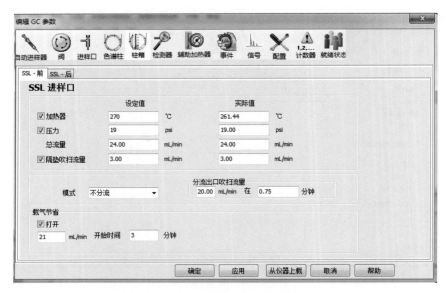

图11-16　设置进样口相关参数

图11-17　设置色谱柱相关参数

单击图标 ，进入检测器设定界面，单击"ECD后"，编辑μ-ECD检测器参数：将"加热器和辅助传输线"前的复选框勾选，设置检测器的温度为"290℃"，然后单击"应用"；将"尾吹流量"前的复选框勾选，设置尾吹流量为"40mL/min"，单击"应用"按钮（图11-18）。

单击图标 ，进入自动进样器界面，编辑"进样量"，溶剂A进样前、进样后的清洗次数，样品清洗次数，样品抽吸次数（图11-19）。

图 11-18　设置检测器相关参数

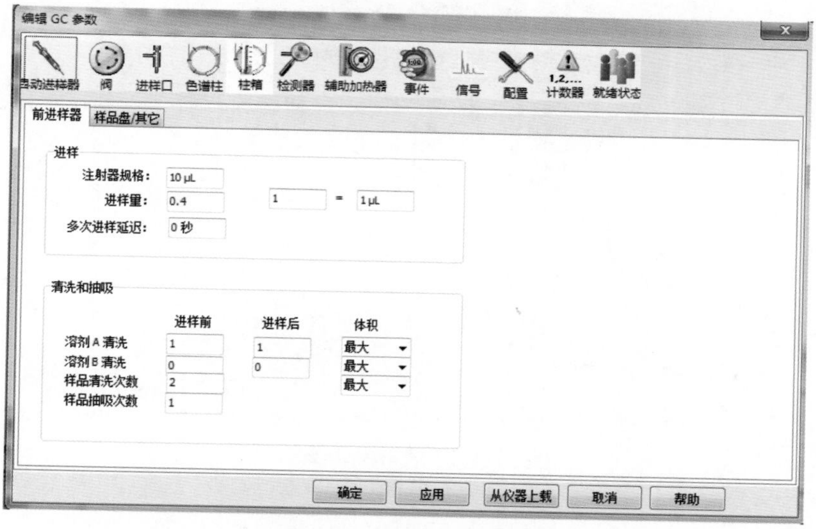

图 11-19　设置自动进样器相关参数

（4）保存方法。所有参数设置完毕后，单击"确定"，弹出"方法另存为"对话框（图 11-20）。

在该窗口中输入方法文件名，如 GC_ESTD，单击"确定"，保存方法成功。

（5）序列设置。回到工作站主界面，在"序列"菜单下选择"序列表"，弹出"序列表"对话框（图 11-21）。

在该对话框中，单击"添加"，添加行；

图 11-20　保存方法

选择"样品瓶位置",填写"样品名称",选择"方法名称",如图11-22所示。

图11-21 "序列表"对话框

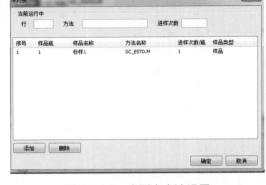

图11-22 序列表方法设置

同样的方法添加另外几行,填写完成后,单击"确定"(图11-23)。

图11-23 填写序列表方法

说明:该软件中样品瓶放置位置是固定的,原则为标样1放入1号位置,标样2放入2号位置,未知样放入7号位置。

11.3.5 自动进样分析

3D场景中将进样瓶放入自动进样器上。

(1)鼠标指向标样1的样品瓶后,鼠标指针变为手型。右键单击,弹出"移到进样器"的操作提示,单击该命令,将标样1移到自动进样器的1号位置(图11-24)。

(2)同理,将其他样品以及未知样移到自动进样器上(图11-25)。

(3)运行序列。仪器就绪后,在工作站主界面菜单中单击"运行控制"下的"运行序列"，按序列表顺序开始自动进样，工作站画面中有图谱出现，测试完成后自动结束（图11-26、图11-27）。

图11-24　将标样1
移到进样器

图11-25　将其他样品
及未知样移到进样器

图11-26　运行序列

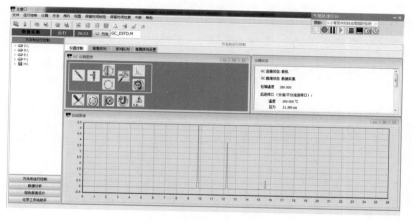

图11-27　测试图谱

11.3.6　数据分析

（1）调用谱图。单击工作站窗口中的"数据分析"命令，进入数据分析界面。从"文件"菜单下选择"调用信号"命令，弹出"调用信号"对话框（图11-28、图11-29）。

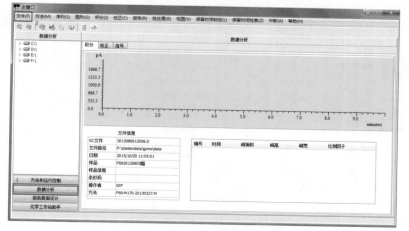

图11-28　数据分析界面

图11-29 "调用信号"对话框

在"调用信号"对话框中查找所需谱图的文件名，例如，标样1保存的文件名为GC001.D，单击选择该文件后，单击"确定"，工作站显示标样1的谱图（图11-30）。

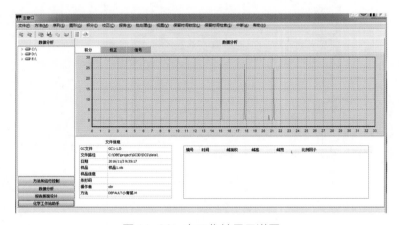

图11-30 在工作站显示谱图

（2）积分参数设定。从"积分"菜单下选择"自动积分"命令，积分优化：一定先从自动积分开始，通过自动积分找到适合当前色谱图的5个初始化参数。对当前调用的谱图自动积分，显示积分结果（图11-31、图11-32）。

图11-31 选择自动积分

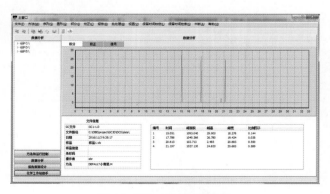

图11-32 显示积分结果

从"积分"菜单下选择"积分事件"命令，进入积分参数设置页面（图11-33、图11-34）。

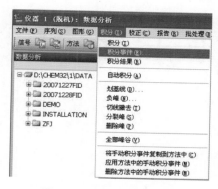

图11-33　选择积分事件

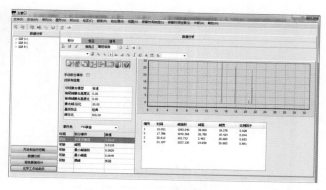

图11-34　积分参数设置页面

在该界面中去掉溶剂峰以及多余的杂峰，具体操作如图11-35~图11-39所示。

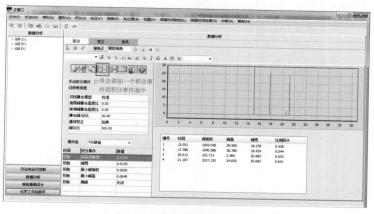

图11-35　添加积分事件

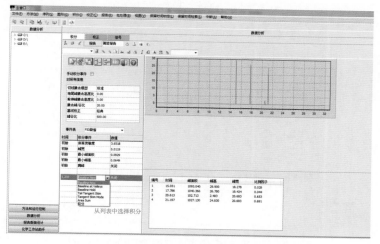

图11-36　选择积分

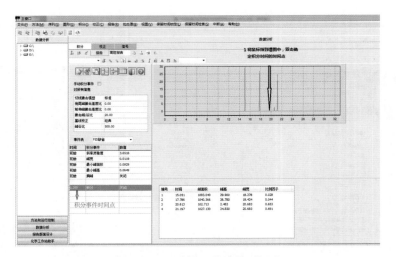

图 11-37　选择积分事件时间点

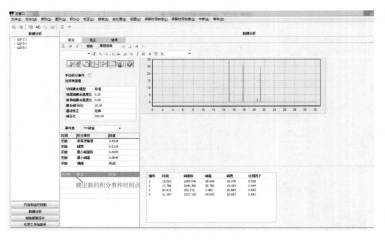

图 11-38　确定新的积分事件时间点

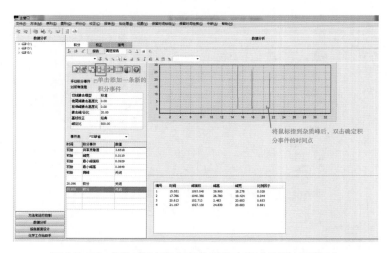

图 11-39　添加新的积分事件并确定积分事件的时间点

单击"执行积分"图标，对当前谱图重新进行积分，去除杂质峰或者溶剂峰（图11-40）。

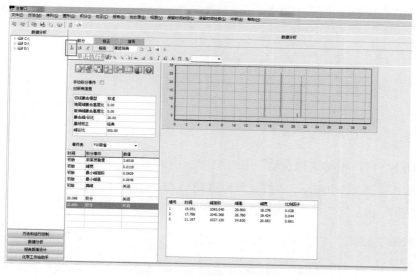

图11-40　单击执行积分

单击"退出/保存"图标 ，当前的积分事件表就会保存到方法中（图11-41）。

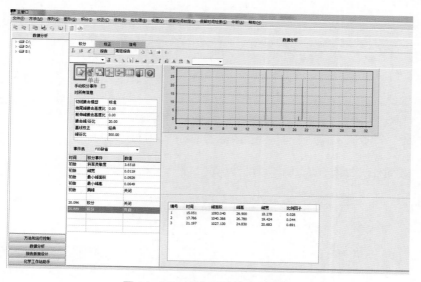

图11-41　保存当前的积分事件

（3）建立校正表。

①级别1设定。在"校正"菜单下选中"新建校正表"命令，弹出校正窗口（图11-42）。

在级别处填入"1"，单击"确定"后，进入下一画面（图11-43）。

图 11-42　新建校正表　　　　　　　　　　　图 11-43　修改校正级别

在如图 11-44 所示的"化合物"和"含量"两列中分别输入化合物的名称以及组分的浓度，输入完成后，单击其他行，可以在窗口右下角看到校正点，这就完成了级别 1 的设定（图 11-45）。

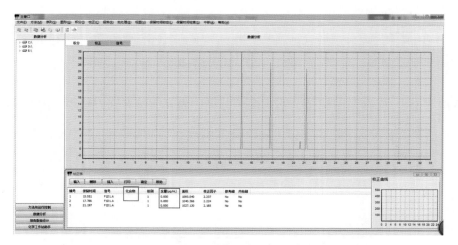

图 11-44　设置化合物的名称以及组分浓度

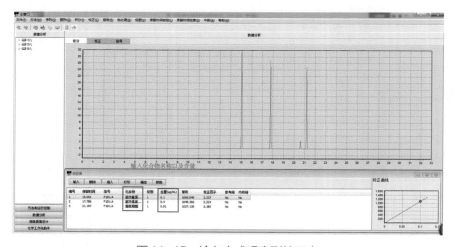

图 11-45　输入完成观察到校正点

②级别2设定。从"文件"菜单中选择"调用信号"命令,在弹出的窗口中选择标样2的文件名(图11-46)。

单击"确定"后,工作站中显示标样2的谱图。接下来,从"校正"菜单下选择"添加级别"命令,单击后弹出添加级别对话框,在该对话框中级别处填入"2",单击"确定"(图11-47、图11-48)。

图11-46 调用信号GC002.D

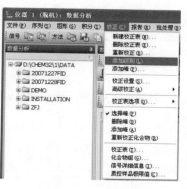

图11-47 添加级别

图11-48 修改级别

在相应组分的第二个级别的含量一栏中输入相应的数值(图11-49)。

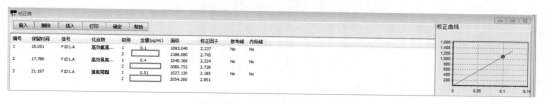

图11-49 修改化合物的含量

输入数值后,单击其他行,右下角校正曲线上出现第二个校正点(图11-50)。

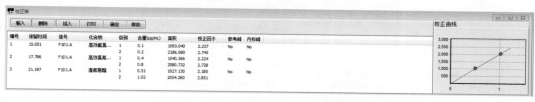

图11-50 输入数值后观察到第二个校正点

③级别3校正。从"文件"菜单中选择"调用信号"命令,在弹出的"调用信号:仪器1"对话框中选择标样3的文件名(图11-51)。

单击"确定"后,工作站中显示标样3的谱图。接下来,从"校正"菜单下选择"添加级别"的命令,单击后弹出"校正:仪器1"对话框,在该对话框中级别处填入"3",单击"确定"(图11-52)。

图 11-51 调用信号 GC003.D

图 11-52 添加级别

在相应组分的第三个级别的含量一栏中输入相应的数值，输入数值后，右下角校正曲线上出现第三个校正点（图 11-53）。

图 11-53 输入数值后观察到第三个校正点

以此类推，按照上述等级设定的步骤，完成对级别4、级别5等的设定。

未知样的测定：从"文件"菜单中选择"调用信号"命令，在弹出的对话框中选择未知样的文件名，单击"确定"（图 11-54）。

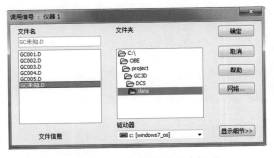

图 11-54 调用信号 GC 未知.D

从"报告"菜单下选择"设定报告"命令，弹出"设定报告：仪器1"对话框（图 11-55、图 11-56）。

不用对该对话框做出任何修改，单击"确定"。从"报告"菜单下选择"打印报告"命令，单击后，弹出报告内容，在报告中可以看到组分名称和浓度。此外，还可以选择打印键将报告通过打印机打印出来（图 11-57、图 11-58）。

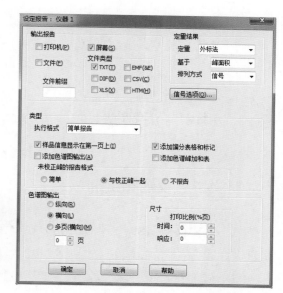

图11-56 设置参数

图11-55 设定报告

图11-57 打印报告

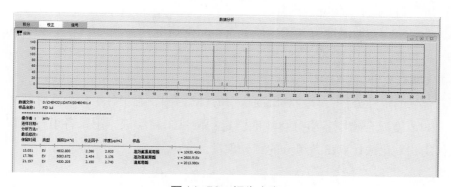

图11-58 报告内容

11.3.7 实验结束——关机

（1）单击工作站中的"方法"→"编辑完成方法"，将SSL-后进样口的温度设置为50℃，然后单击"应用"；将µ-ECD检测器的温度设置为50℃，单击"应用"。

（2）等待进样口、检测器、柱温箱的温度降到50℃左右，关闭气相色谱仪的电源。

（3）关闭氮气管路的总压阀、减压阀。

（4）关闭工作站，关闭计算机电源。

（5）查看实验室，全部复位。

11.4 实物实验

11.4.1 仪器和试剂

（1）主要仪器：Sky ray GC5400气相色谱仪（配备FID检测器，毛细管色谱柱）、微量进样器。

（2）试剂：苯、甲苯、乙苯、丙苯。纯物质进样量0.01μL，样品进样量0.02μL，积分门槛10000。

11.4.2 实验步骤

（1）气相色谱操作条件设定：载气（N_2）流量65mL/min；空气流量550mL/min；氢气流量55mL/min；分流比100∶1。

（2）进样器温度：180℃。

（3）柱温箱：初始温度为70℃，以20℃/min的速度升温至130℃，保持2min。

（4）检测器（FID）温度：180℃，灵敏度8次方。

（5）A路点火开关：ON。

①混合物的定性分析：分别测试混合物的GC谱图，确定各组分出峰时间。

②未知浓度混合物中各组分含量的测定：测试未知溶液，记录各组分保留时间及峰面积，用归一化法计算出各组分的百分含量。

11.4.3 数据记录

（1）根据保留时间定性分析（表11-1）。

表11-1 各组分保留时间

组分	苯	甲苯	乙苯	丙苯
保留时间（min）				

（2）归一化法测定混合液中各组分含量（表11–2）。

表11–2　混合液中各组分数据

色谱峰	1	2	3	4	5
保留时间（min）					
定性分析结果					
色谱峰面积					
百分含量（%）					

11.4.4　实验结果与分析

贴上未知混合样品色谱图，附上各组分百分含量计算过程。

11.5　思考题

（1）气相色谱分离四种芳香烃的原理是什么？

（2）实验中采用的是何种检测器，其工作原理是什么？

第12部分
液相色谱法测定污染水样中的苯和甲苯

12.1 实验目的

（1）熟悉液相色谱仪的整套装置、工作原理和工作流程；会较熟练操作和使用化学工作站。

（2）掌握外标法测定苯和甲苯的实验方法。

12.2 实验原理

液相色谱法就是同一时刻进入色谱柱中的各组分，由于在流动相和固定相之间溶解、吸附、渗透或离子交换等作用的不同，随流动相在色谱柱中运行时，在两相间进行反复多次（$10^3 \sim 10^6$ 次）的分配过程。使原来分配系数具有微小差别的各组分，产生了保留能力差异明显的效果，进而各组分在色谱柱中的移动速度不同，经过一定长度的色谱柱后，彼此分离开来，最后按顺序流出色谱柱而进入信号检测器，在记录仪上或色谱数据机上显示出各组分的色谱行为和谱峰数值。测定各组分在色谱图上的保留时间（或保留距离），可直接进行组分的定性；测量各峰的峰面积，即可作为定量测定的参数；采用工作曲线法（即外标法）测定相应组分的含量。

高效液相色谱仪是实现液相色谱分离分析过程的装置，如图12-1所示。储液器中存储的载液（用作流动相的液体常需除气）经过过滤后，由高压泵输送到色谱柱入口

（当采用梯度洗脱时，一般需用双泵系统来完成输送）。样品由进样器注入载液系统，而后送到色谱柱进行分离。分离后的组分由检测器检测，输出信号，供给记录仪或数据处理装置。如果需收集馏分作进一步分析，则在色谱柱出口将样品馏分收集起来，对于非破坏型检测器，可直接收集通过检测器后的流出液。其中输液泵、色谱柱及检测器是仪器的关键部件。

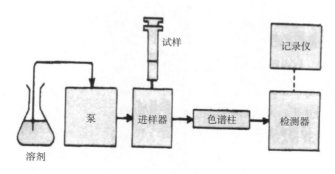

图 12-1　液相色谱仪工作原理图

 ## 12.3　虚拟仿真实验

12.3.1　启动仪器

（1）从上到下依次打开液相色谱仪各模块（共五个，分别为：溶剂脱气模块、泵模块、自动进样模块、柱温箱模块和检测器模块）的电源开关（图12-2）。

（2）待仪器各部分自检完成后，打开计算机。单击计算机桌面上的工作站图标，启动工作站软件，弹出工作站窗口（图12-3、图12-4）。

图12-2　打开各模块电源开关

图12-3　打开计算机电源开关并启动工作站软件

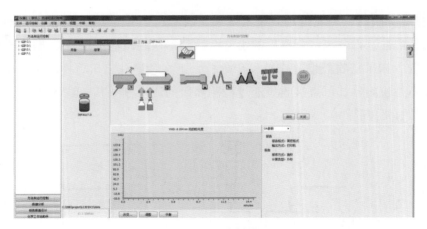

图12-4 工作站窗口

12.3.2 标样配制

单击主界面菜单栏中的"样品配制"标签，弹出"样品的制备"对话框（图12-5），输入标准储液体积和定容体积，配制不同浓度的标准样（具体配制的标样浓度设置可根据实际情况而定）（图12-6）。

| 实验介绍 | 实验原理 | 样品配制 | 实验帮助 | 退出系统 |

图12-5 单击样品配制

样品的制备

编号	标准储液体积/mL	定容体积/mL	咖啡因浓度/μg/mL	操作	
1	0.5	10	50.000	装样	清空
2	0	0		装样	清空
3	0	0		装样	清空
4	0	0		装样	清空
5	0	0		装样	清空
6	0	0		装样	清空

注 1：咖啡因标准储液的浓度为 1.0mg/ml，定容溶剂为色谱级甲醇。
　　2：待测可乐中咖啡因的浓度大致为 1.2mg/ml。

图12-6 配制不同浓度的标准样

例如，在编号为1的一栏中输入标准储液的体积为0.5mL，定容体积为10mL，列表会自动计算出标样中咖啡因的浓度，并显示在表中。单击"装样"命令后，实验台上编号为1的自动进样瓶中装入标样；单击"清空"命令，可取消该标样的配制，桌面上1号自动进样瓶中的标样以及列表中的数据都被清空（图12-7、图12-8）。

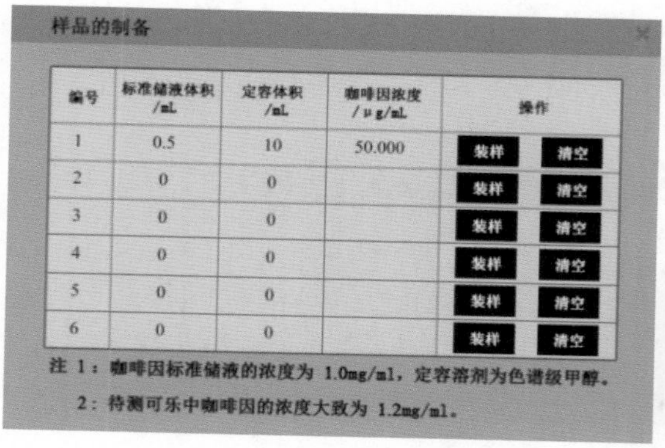

编号	标准储液体积/mL	定容体积/mL	咖啡因浓度/μg/mL	操作	
1	0.5	10	50.000	装样	清空
2	0	0		装样	清空
3	0	0		装样	清空
4	0	0		装样	清空
5	0	0		装样	清空
6	0	0		装样	清空

注1：咖啡因标准储液的浓度为 1.0mg/ml，定容溶剂为色谱级甲醇。

　2：待测可乐中咖啡因的浓度大致为 1.2mg/ml。

图12-7　样品制备举例

图12-8　装样

注意事项：

①必须在配样前打开工作站。

②可乐中咖啡因的浓度分别在0.15mg/mL左右。

③标准储备液中咖啡因浓度为1.0mg/mL。

12.3.3　样品测定

12.3.3.1　赶气泡

（1）单击液相色谱仪上的冲洗阀，弹出冲洗阀调节调节窗口，单击"＋"打开冲洗阀（图12-9、图12-10）。

图12-9　出现气泡

图12-10　冲洗阀

（2）单击工作站上的"启动"按钮，开始运行各模块（图12-11）。

（3）右键单击工作站中泵的图标，在弹出的菜单中选择"设置泵"，弹出"泵设置"对话框，在该对话框中设置泵的流速为5mL/min，溶剂B的含量为0，如图12-12、图12-13所示。

注：填写完数字0后在空白处单击一下鼠标。

单击"确定"，等待A管中的空气排尽。接下来，设置溶剂B的含量为"100"，单击"确定"，等待B管中的空气排尽（图12-14）。

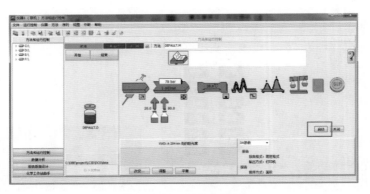

图12-11　运行各模块

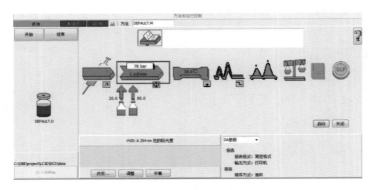

图12-12　单击泵的图标

图12-13　"泵设置"对话框

图12-14　设置溶剂B的含量

图12-15　排尽气泡后关闭冲洗阀

（4）A、B管中的气泡都排尽后，关闭冲洗阀（图12-15）。

12.3.3.2　运行工作站

（1）编辑整个方法。在工作站窗口"方法"菜单下选择"编辑整个方法"命令，进入方法设置界面（图12-16）。

选中除"数据分析"外三项，单击"确定"，弹出"方法信息"对话框（图12-17）。

图12-16 "编辑方法"对话框

图12-17 "方法信息"对话框

在该对话框中填入关于该方法的注释（也可不填），单击"确定"。

（2）泵设置。在泵设置窗口中填入泵的流速，流动相A、B的体积比，单击"确定"，进入下一操作步骤（图12-18）。

图12-18 泵参数设置

如需设置梯度洗脱，单击"插入"，填入相应的数值即可。

（3）进样器参数设置。在进样器设置窗口中选择进样模式，该实验中选择标准进样模式（该方式无洗针功能），进样量为20μL，设置完毕后，单击"确定"（图12-19）。

图12-19 进样器参数设置

（4）柱温箱设置。在柱温箱的温度处填入所设定的温度，如30℃；停止时间选择与泵一致即可，单击"确定"，进入下一操作（图12-20）。

图12-20　柱温箱参数设置

（5）VWD检测器参数设置。在"波长"下方的空白处输入所需要的检测波长，如254nm；在停止时间处选择"与泵一致"（图12-21）。

单击"确定"，在弹出的对话框中选中"数据采集"（图12-22）。

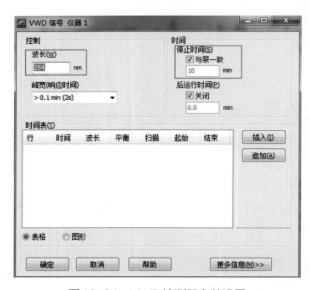

图12-21　VWD检测器参数设置

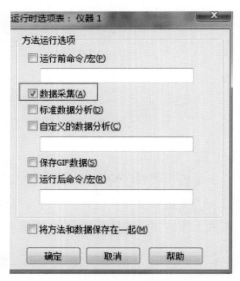

图12-22　选中数据采集

（6）保存方法。所有参数设置完毕后，单击"确定"，弹出"方法另存为"对话框（图12-23）。

在该对话框中输入方法文件名，如"LC-ESTD"，单击"确定"，保存方法成功。

图 12-23　保存方法

（7）回到工作站主界面，单击谱图横坐标下方的"改变"命令，弹出"信号编辑图谱"对话框（图 12-24）。

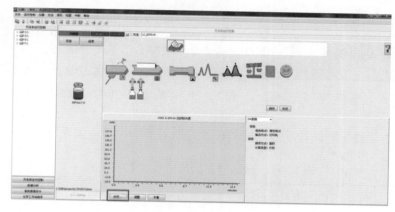

图 12-24　选择改变命令

在"编辑信号图谱"对话框中，从左侧选中 VWD 信号，然后单击"添加"命令，选中的信号即从左侧移至右侧方框中。同时，也可以填入数据对"X 轴"和"Y 轴"的坐标范围进行改变，填写完成后，单击"确定"（图 12-25、图 12-26）。

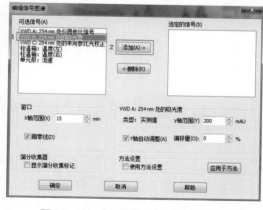

图 12-25　"编辑信号图谱"对话框

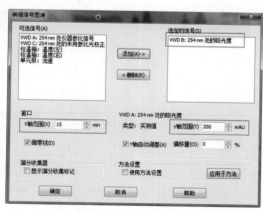

图 12-26　相关参数设置

12.3.3.3 进样分析

（1）鼠标指向桌面上放置的已配置好的标样1，指针变为手型，右键单击弹出"移至进样盘"的操作提示，单击该命令，标样1即从桌面移至液相色谱仪的自动进样盘中（图12-27）。

重复上述操作，将配置好的标样以及未知样全部移至自动进样盘中（图12-28）。

 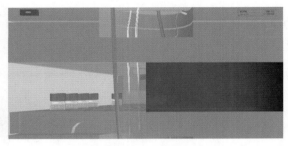

图12-27 将标样1移至进样盘　　　图12-28 将配置好的标样以及未知样移至进样盘

注意：本软件中默认样品瓶放置的位置与瓶号对应，对应关系见表12-1。

表12-1 样品与样品盘位置的对应关系

样品	标样1	标样2	标样3	标样4	标样5	标样6	未知样
放置位置	1	2	3	4	5	6	7

（2）回到工作站主界面，从"序列"菜单下选择"序列表"命令，单击该命令，弹出"序列表"对话框（图12-29）。

图12-29 序列表设置窗口

单击对话框中的"添加"按钮，序列表中增加一行，在该行中填入样品的信息，填写方式如下：

①样品瓶。样品瓶放置在样品盘上的位置，对应关系见表12-1。

②样品名称。该列中填入样品的名称。

③方法名称。编辑方法时保存的方法名称。

注意：填写序列表前需将样品放置到进样盘中。

标样1放置在样品盘上的1号位置，所调用的方法名称为LC_ESTD.M，进样次数为1次，样品类型为标准样品（图12-30）。

序列表全部填写完成后，单击"确定"，为一个序列表的样式（图12-31）。

图12-30　填写放置位置

图12-31　序列表全部填写完成并确定

（3）在工作站"序列"菜单下选择"运行序列"，自动进样盘中的第一个样品开始进样，之后工作站中出现谱图，然后第二个样品开始进样并出现谱图，以此类推，直至完成序列表中设定的所有样品的测定（图12-32）。

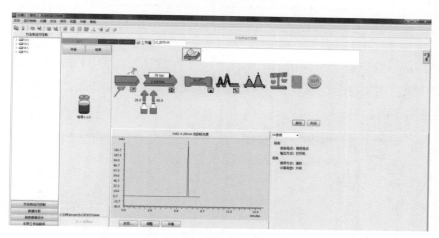

图12-32　运行序列

12.3.4　数据分析

（1）调用谱图。单击工作站窗口中的"数据分析"命令，进入数据分析界面（图12-33）。从"文件"菜单下选择"调用信号"命令，弹出"调用信号：仪器1"对话框（图12-34）。

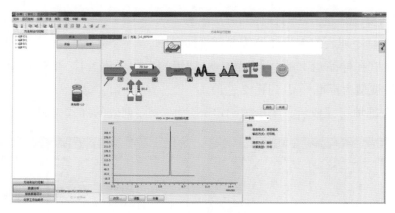

图12-33 数据分析命令

图12-34 "调用信号：仪器1"对话框

在调用信号窗口查找所需谱图的文件名（文件路径为C:\OBE\LC\DCS\data），例如，标样1保存的文件名为标样1，单击选择该文件后，单击"确定"，工作站中显示标样1的谱图（图12-35）。

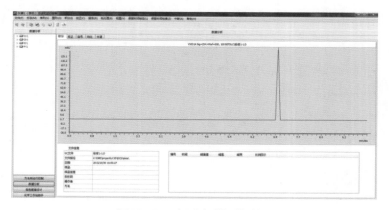

图12-35 调出标样1的谱图

（2）积分参数设定。从"积分"菜单下选择"自动积分"命令，对当前调用的谱图自动积分，显示积分结果。积分优化：一定先从自动积分开始，通过自动积分找到适合当前色谱图的5个初始化参数（图12-36、图12-37）。

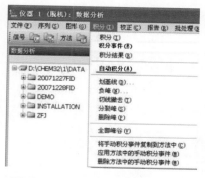

图12-36 单击"自动积分"命令

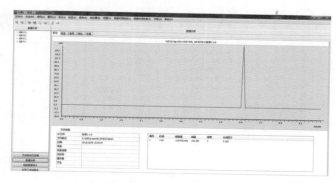

图12-37 显示积分结果

（3）新建校正表。

①级别1设定。从工作站"校正"菜单下选择"新建校正表"命令，单击该命令后，弹出"校正：仪器1"对话框，在该对话框中填入校正级别"1"，单击"确定"，进入下一步骤（图12-38）。

在弹出的窗口中，化合物和含量两列中分别输入化合物的名称（咖啡因）以及标样1中组分的浓度，输入完成后，可以在右下角看到校正点，即完成级别1的设定（图12-39）。

图12-38 修改级别

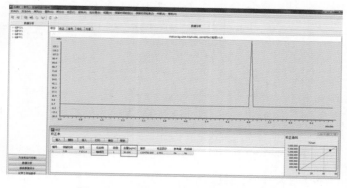

图12-39 输入化合物的名称及含量

②级别2设定。从"文件"菜单中选择"调用信号"命令，在弹出的对话框中选择标样2的文件名（图12-40）。

单击"确定"后，工作站中显示标样2的谱图。接下来，从"校正"菜单下选择"添加级别"的命令，单击后弹出对话框，在该对话框中级别处填入"2"，单击"确定"（图12-41、图12-42）。

图12-40 调用信号标样2-1.D

图 12-41　添加级别　　　　　　　　图 12-42　修改级别

在含量一栏中输入标样 2 中咖啡因的浓度，输入数值后，单击其他行，右下角校正曲线上出现第二个校正点（图 12-43）。

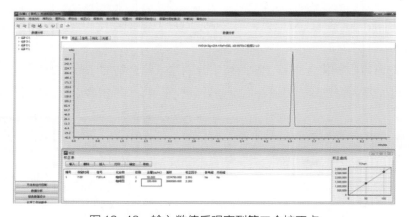

图 12-43　输入数值后观察到第二个校正点

③级别 3 校正。从"文件"菜单中选择"调用信号"命令，在弹出的对话框中选择标样 3 的文件名（图 12-44）。

图 12-44　调用信号标样 3-1.D

单击"确定"后，工作站中显示标样 3 的谱图。接下来，从"校正"菜单下选择"添加级别"命令，单击后弹出"校正仪器 1"对话框，在该对话框中级别处填入"3"，单击"确定"（图 12-45）。

在级别 3 的含量一栏中输入标样 3 中咖啡因的浓度，输入数值后，右下角校正曲线上出现第三个校正点。

以此类推，按照上述等级设定的步骤，完成对级别4、级别5等的设定。

（4）未知样的测定。从"文件"菜单中选择"调用信号"命令，在弹出的对话框中选择未知样的文件名，单击"确定"，工作站中弹出未知样的谱图。

从"报告"菜单中选择"设定报告"命令，弹出"设定报告：仪器1"对话框（图12-46、图12-47）。

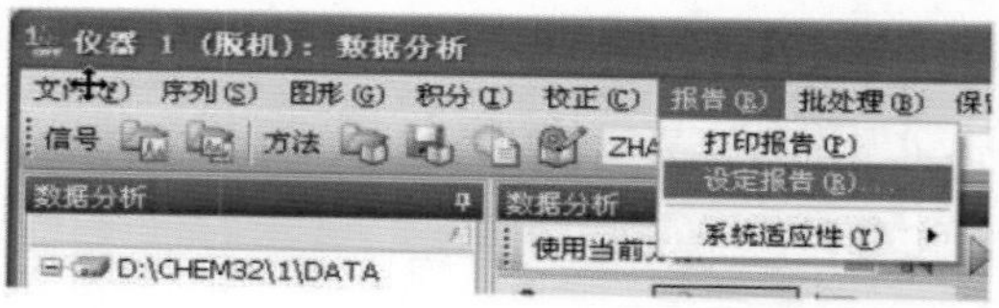

图12-45　修改级别

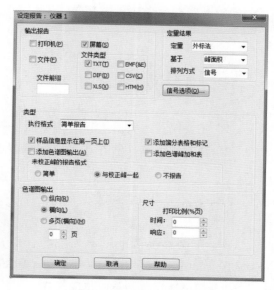

图12-47　报告参数设置

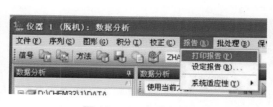

图12-46　设定报告

不用对该对话框做出任何修改，单击"确定"。从"报告"菜单中选择"打印报告"命令，单击后，弹出报告信息可以看到组分名称和浓度。此外，还可以选择打印键通过打印机来打印报告（图12-48、图12-49）。

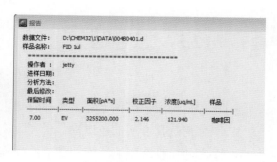

图12-48　打印报告

图12-49　报告信息

12.3.5　关机

（1）实验结束后，关闭工作站。
（2）关闭计算机电源。
（3）依次关闭各模块的电源。

12.4　实物实验

12.4.1　仪器和试剂

（1）主要仪器：液相色谱仪、微量注射器、容量瓶。
（2）试剂：甲醇（色谱纯）、二次蒸馏水、苯、甲苯。

12.4.2　实验步骤

（1）配制标准溶液以苯为溶剂，于容量瓶中配制甲苯标准溶液，浓度分别为 1.0×10^{-5}mol/L、5.0×10^{-6}mol/L、1.0×10^{-6}mol/L 和 1.0×10^{-7}mol/L。
（2）开启计算机及色谱仪各部分，等计算机自检完毕准备使用。
（3）用微量注射器准确抽取 5.0μL 溶液，注射入进样口。
注意：不要将气泡抽入针筒。在相同的色谱条件下，分别测定苯、甲苯各标准溶液及浓度未知样品。

12.5　思考题

（1）如何确定色谱图上各主要峰的归属？
（2）如何选择合适的色谱柱？
（3）哪些条件会影响浓度测定值的准确性？
（4）与气相色谱法比较，液相色谱法有哪些优点？

第13部分
高效液相色谱法测定苯系物溶液中组分含量（标准曲线法）

13.1　实验目的

（1）学习高效液相色谱仪的操作。

（2）了解反相液相色谱法分离非极性化合物的基本原理。

（3）掌握用反相液相色谱法分离芳香烃化合物。

13.2　实验原理

液相色谱仪由进样器、色谱柱、储液器、泵、检测器、记录仪等几部分组成。储液器中的流动相被高压泵引入系统，样品溶液经进样器进入流动相，被流动相载入色谱柱内，由于样品溶液中的各组分在两相中具有不同的分配系数，在两相中做相对运动，经过反复多次"吸附—解吸"的分配过程，各组分在移动速度上产生较大差异，被分离成单个组分一次从色谱柱流出，经过检测器时，样品浓度被转换成电信号传送到记录仪。

液相色谱可分析低分子量、低沸点的有机化合物，更多适用于分析中、高分子量、高沸点及热稳定性差的有机化合物。80%的有机化合物都可以用液相色谱分析，目前已广泛应用于生物工程、制药工程、食品工业、环境检测、石油化工等行业。

现已知一样品中由含苯、甲苯、乙苯和丙苯，选择合适的色谱条件，使四个物质实现分离，并采用标准曲线法检测其中各组分的含量。

13.3 虚拟仿真实验

13.3.1 仪器配置

单击检测器，选择检测器类型，例如，测定糖果中日落黄、亮蓝的实验，可以选择"二极管阵列检测器DAD"（图13-1）。

图13-1 选择检测器类型

13.3.2 制备标准样品

（1）单击主界面菜单栏中的样品配制标签，弹出样品配制窗口（图13-2）。在样品配制窗口中输入标准储液的体积和定容体积，配制不同浓度的标准样（图13-3）。具体配制的标样浓度设置可根据实际情况确定。

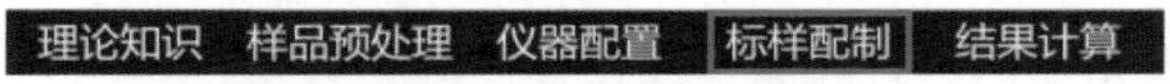

理论知识　样品预处理　仪器配置　标样配制　结果计算

图13-2 选择标样配制

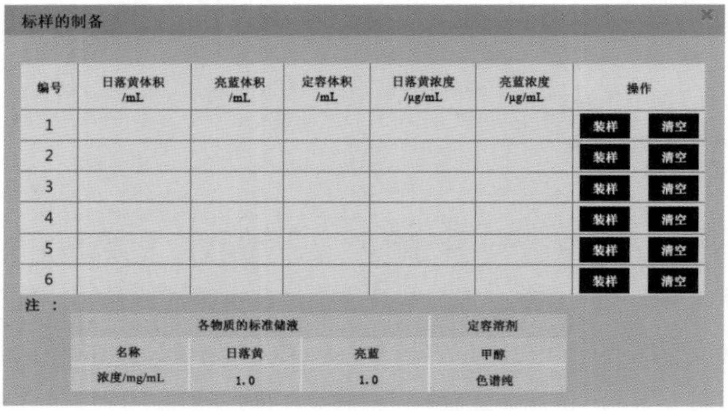

标样的制备

编号	日落黄体积/mL	亮蓝体积/mL	定容体积/mL	日落黄浓度/μg·mL	亮蓝浓度/μg·mL	操作	
1						装样	清空
2						装样	清空
3						装样	清空
4						装样	清空
5						装样	清空
6						装样	清空

注：

各物质的标准储液			定容溶剂
名称	日落黄	亮蓝	甲醇
浓度/mg·mL	1.0	1.0	色谱纯

图13-3 配制不同浓度的标准样

（2）例如，在编号为1的一栏中输入日落黄的体积为1，亮蓝体积为1，定容体积为100，列表会自动计算出标样中各组分的浓度并显示在表中（图13-4）。单击"装样"命令后，实验台上编号为1的容量瓶中装入标样（图13-5）；单击"清空"命令，可取消该标样的配制，桌面上1号自动进样瓶中的标样以及列表中的数据都被清空。

编号	日落黄体积/mL	亮蓝体积/mL	定容体积/mL	日落黄浓度/μg/mL	亮蓝浓度/μg/mL	操作
1	1	1	100	10.000	10.000	装样 清空
2	2	2	100	20.000	20.000	装样 清空
3	3	3	100	30.000	30.000	装样 清空
4						装样 清空
5						装样 清空
6						装样 清空

注：

各物质的标准储液			定容溶剂
名称	日落黄	亮蓝	甲醇
浓度/mg/mL	1.0	1.0	色谱纯

图 13-4　标样制备举例

图 13-5　装样

（3）重复上述步骤，完成其他标准样品的配制。

（4）鼠标指向放置标样1的容量瓶，右键单击开盖命令，打开容量瓶的盖子，如果需要取消该操作，则右键单击关盖命令即可（图13-6）。

图 13-6　开盖

右键单击桌面上放置的过滤器，弹出"移到吸取位置"的命令，单击该命令，将过滤器移至容量瓶上方；继续右键单击"装过滤器"，选中吸取命令，吸取标样1；最后将过滤头安装至过滤器上（图13-7、图13-8）。

图 13-7　吸取标样

图 13-8　装过滤器

右键单击标样1进样小瓶的开盖命令（图13-9），将标样1过滤至进样小瓶中（图13-10）。

图 13-9　开盖

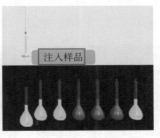

图 13-10　注入样品

最后，将过滤器放回原处，进样小瓶关盖，放回原处（图13-11）。

图13-11　放回原处并关盖

（5）重复步骤4，完成标样2、标样3以及未知样的过滤（图13-12）。

图13-12　完成标样2、标样3以及未知样的过滤

13.3.3　制备流动相

（1）打开液相色谱仪操作界面，如图13-13所示。

（2）拿下抽滤漏斗的盖子，打开抽滤泵电源开关（图13-14）。

（3）右键单击抽滤漏斗，选择抽滤乙腈的命令，单击开始抽滤乙腈（图13-15）。抽滤结束后，右键单击抽滤瓶，选择转移乙腈命令，将乙腈转移至流动相瓶中（图13-16）。

（4）重复步骤3，过滤5%的乙腈，并转移流动相至流动相瓶中（图13-17）。

图13-13　视角转向流动相制备的实验台

图13-14　打开抽滤泵电源开关

图13-15　抽滤乙腈

图13-16　转移乙腈

图13-17　抽滤5%乙腈

13.3.4　启动仪器

（1）从上到下依次打开液相色谱仪各个模块（共五个，分别为：溶剂脱气模块、泵模块、自动进样模块、柱温箱模块和检测器模块）的电源开关（图13-18）。

（2）待仪器各部分自检完成后，打开计算机。单击计算机桌面上的工作站图标，启动工作站软件，弹出工作站窗口（图13-19、图13-20）。

图13-18　打开各模块电源开关

图13-19　打开计算机电源开关并打开工作站图标

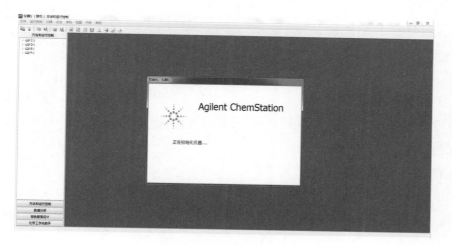

图13-20　工作站界面

13.3.5　样品测定

13.3.5.1　赶气泡

（1）出现气泡后（图13-21），单击液相色谱仪上的冲洗阀，弹出冲洗阀调节窗口，单击"+"打开冲洗阀（图13-22）。

图13-21 出现气泡　　　　图13-22 打开冲洗阀

（2）单击工作站上的"启动"按钮，开始运行各模块（图13-23）。

图13-23 运行各模块

（3）右键单击工作站中泵的图标，在弹出的菜单中选择"设置泵"（图13-24），弹出"泵设置"对话框，在该对话框中设置泵的流速为"5"mL/min，溶剂B的含量为"0"（图13-25）。

注意：填写完数字0后，在空白处单击鼠标。

单击"确定"，等待A管中的空气排尽，单击"确定"（图13-26）。

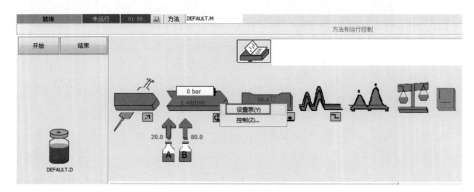

图13-24 单击泵的图标

图 13-25 设置泵的相关参数

图 13-26 排尽A管中的空气

接下来，设置溶剂B的含量为"100"，单击"确定"，等待B管中的空气排尽（图13-27）。

（4）A、B管中的气泡都排尽后，关闭冲洗阀（图13-28）。

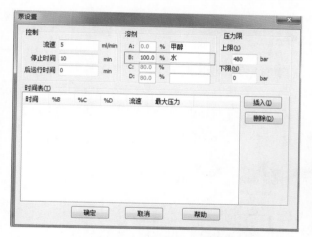

图 13-27 设置溶剂B的含量

图 13-28 排尽气泡并关闭冲洗阀

13.3.5.2 运行工作站

（1）编辑完整方法。在工作站窗口"方法"菜单下选择"编辑整个方法"命令，弹出"编辑方法"对话框（图13-29）。

选中除"数据分析"外三项，单击"确定"，弹出"方法信息"对话框（图13-30）。

在该对话框中填入关于该方法的注释（也可不填），单击"确定"。

图 13-29 "编辑方法"对话框

图13-30 "方法信息"对话框

（2）泵设置。在"泵设置"对话框中填入泵的流速，流动相A、B的体积比，设置梯度洗脱时，单击"插入"，填入相应的数值。单击"确定"，进入下一步骤（图13-31）。

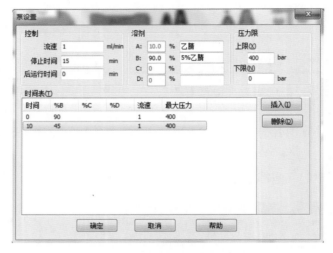

图13-31 设置泵的相关参数信息

（3）柱温箱设置。在"柱温箱温控方法 仪器1"对话框中填入柱温箱温度"30.0℃"，运行时间选择"与泵一致"，单击"确定"，进入下一步骤（图13-32）。

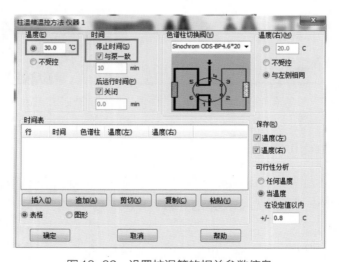

图13-32 设置柱温箱的相关参数信息

（4）VWD信号设置。在"VWD信号 仪器1"对话框中填入紫外检测信号"410nm"，运行时间选择"与泵一致"（图13-33）。

（5）依次单击"确定"，最后输入方法文件名称，完成方法的设置（图13-34）。

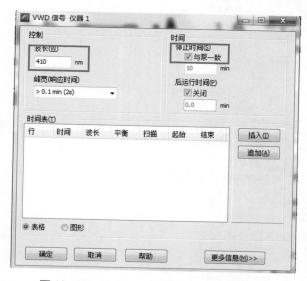

图13-33　设置VWD信号的相关参数信息

图13-34　保存方法

回到工作站主界面，单击谱图横坐标下方的"改变"命令，弹出"编辑信号图谱"对话框（图13-35）。

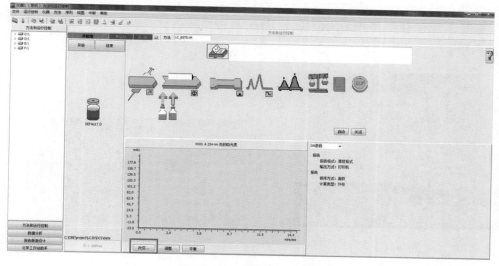

图13-35　单击改变命令

从左侧选中VWD信号，然后单击"添加"命令，选中的信号即从左侧移至右侧方框中。同时，也可以填入数据对 X 轴和 Y 轴的坐标范围进行改变，填写完成后，单击"确定"（图13-36）。

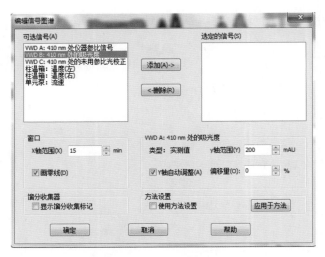

图13-36 选中信号并添加

13.3.5.3 进样分析

（1）鼠标指向桌面上放置的已配置好的标样1，指针变为手型，右键单击弹出"移至进样盘"的操作提示，单击该命令，标样1即从桌面移至液相色谱仪的自动进样盘中（图13-37）。

重复上述操作，将配置好的标样以及未知样、清洗液全部移至自动进样盘中（图13-38）。

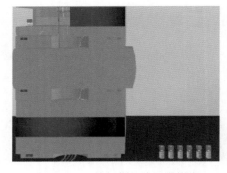

图13-37 将标样1移至进样盘

图13-38 将标样、未知样、清洗液全部移至进样盘

注意：本软件中默认样品瓶放置的位置与瓶号对应，对应关系见表13-1。

表13-1 样品与样品盘位置的对应关系

样品	标样1	标样2	标样3	标样4	标样5	标样6	未知样
放置位置	1	2	3	4	5	6	7

（2）回到工作站主界面，从"序列"菜单下选择"序列表"命令，单击该命令，弹出"序列表"对话框（图13-39）。

单击对话框中的"添加"按钮，序列表中增加一行，在该行中填入样品的信息（注意：填写序列表前需将样品放置到进样盘中），填写方式如下：

图13-39 序列表设置窗口

①样品瓶。样品瓶放置在样品盘上的位置，对应关系见表13-1。

②样品名称。该列中填入样品的名称。

③方法名称。编辑方法时保存的方法名称。

如图13-40所示，标样1放置在样品盘上的1号位置，所调用的方法名称为RLH01，进样次数为1次，样品类型为标准样品。

序列表全部填写完成后，单击"确定"，如图13-41所示为一个序列表的样式。

图13-40 填写序列表

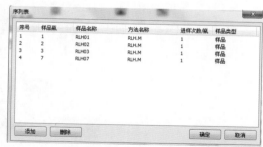

图13-41 填写序列表样式

右键单击自动进样器模块，弹出进样器设置窗口（图13-42、图13-43）。

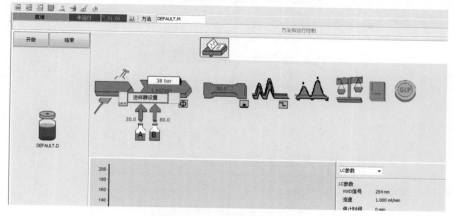

图13-42 选择进样器设置

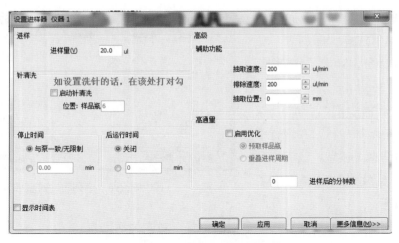

图13-43　设置进样器相关参数

（3）在工作站"序列"菜单下选择"运行序列"，自动进样盘中的第一个样品开始进样，之后工作站中出现谱图，然后第二个样品开始进样并出现谱图，以此类推，直至完成序列表中设定的所有样品的测定（图13-44、图13-45）。

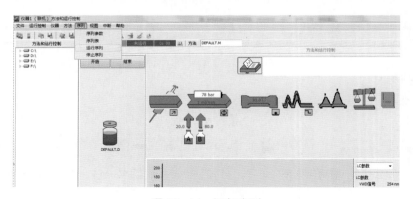

图13-44　运行序列

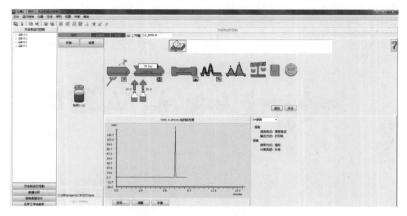

图13-45　完成所有样品的测定

13.3.6　数据分析

（1）调用谱图。单击工作站窗口中的"数据分析"命令进入数据分析界面（图13-46）。从"文件"菜单下选择"调用信号"命令，弹出"调用信号：仪器1"对话框（图13-47）。

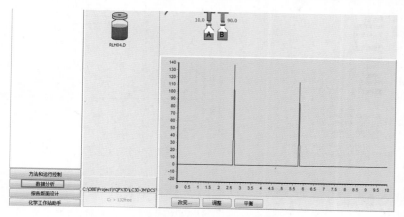

图13-46　单击"数据分析"命令

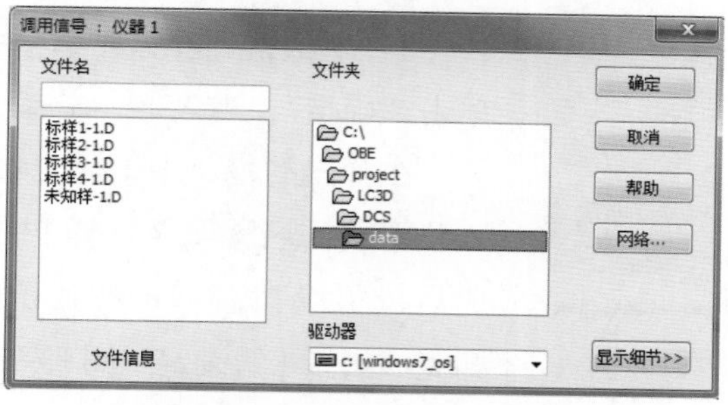

图13-47　调用信号

图13-47　调用信号

在"调用信号"对话框中查找所需谱图的文件名（文件路径为C:\OBE\LC\DCS\data），例如，标样1保存的文件名为RLH01，单击选择该文件后，单击"确定"，工作站中显示标样1的谱图（图13-48）。

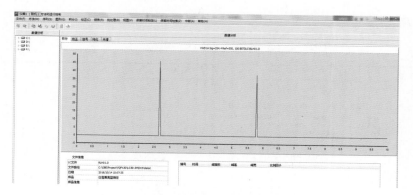

图13-48　选择所需谱图

（2）积分参数设定。从"积分"菜单下选择"自动积分"命令，对当前调用的谱图自动积分，显示积分结果。积分优化：一定先从自动积分开始，通过自动积分找到适合当前色谱图的5个初始化参数（图13-49、图13-50）。

图13-49　单击"自动积分"命令

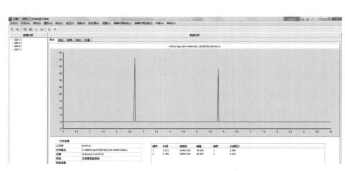

图13-50　显示积分结果

图13-51　修改级别

（3）新建校正表。

①级别1设定。从工作站"校正"菜单下选择"新建校正表"命令，单击该命令后，弹出"校正：仪器1"对话框，在该对话框中填入校正级别"1"，单击"确定"，进入下一步骤（图13-51）。

在弹出的窗口中，化合物和含量两列中分别输入化合物的名称以及标样1中组分的浓度，输入完成后，可以在右下角看到校正点，单击"确定"，即完成级别1的设定（图13-52）。

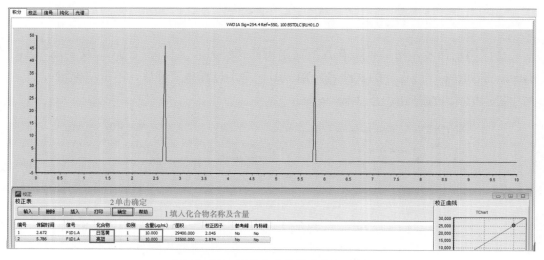

图13-52　输入化合物的名称及含量

②级别2设定。从"文件"菜单中选择"调用信号"命令，在弹出的对话框中选择标样2的文件名（图13-53）。

单击"确定"后，工作站中显示标样2的谱图。接下来，从"校正"菜单下选择"添加级别"的命令，单击后弹出"校正：仪器1"对话框，在该对话框中级别处填入"2"，单击"确定"（图13-54、图13-55）。

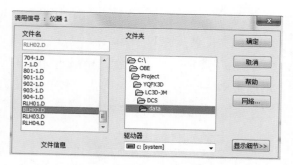

图13-53 调用信号RLH02.D

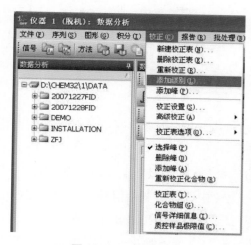

图13-54 添加级别

图13-55 修改级别

在含量一栏中输入标样2中各组分的浓度，输入数值后，单击其他行，右下角校正曲线上出现第二个校正点，单击"确定"（图13-56）。

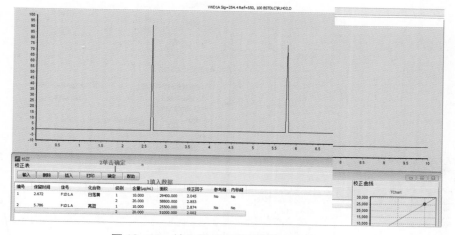

图13-56 输入数值后观察到第二个校正点

③级别3校正。从"文件"菜单中选择"调用信号"命令，在弹出的对话框中选择标样3的文件名（图13-57）。

单击"确定"后，工作站中显示标样3的谱图。接下来，从"校正"菜单下选择"添加级别"命令，单击后弹出"校正：仪器1"对话框，在该对话框中级别处填入"3"，单击"确定"（图13-58）。

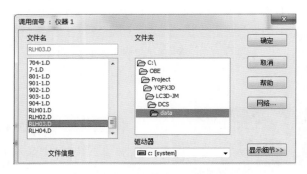

图13-57　调用信号RLH03.D　　　　　图13-58　修改级别

在级别3的含量一栏中输入标样3中咖啡因的浓度，输入数值后，右下角校正曲线上出现第三个校正点。

以此类推，按照上述等级设定的步骤，完成对级别4、级别5等的设定。

（4）未知样的测定。从"文件"菜单中选择"调用信号"命令，在弹出的对话框中选择未知样的文件名，单击"确定"，工作站中弹出未知样的谱图。

从"报告"菜单中选择"设定报告"命令，弹出"设定报告：仪器1"对话框（图13-59、图13-60）。

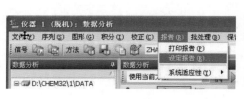
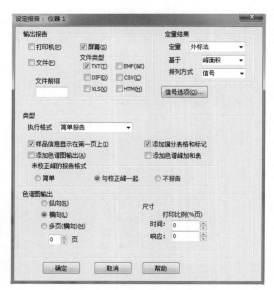

图13-59　设定报告　　　　　图13-60　设置报告相关参数

不用对该对话框做出任何修改，单击"确定"。从"报告"菜单中选择"打印报告"命令，单击后，弹出报告信息可以看到组分名称和浓度。此外，还可以选择打印键通过打印机来打印报告（图13-61、图13-62）。

图13-61　打印报告

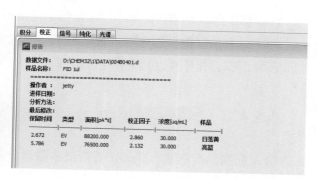

图13-62　报告信息

13.3.7　关机

（1）实验结束后，关闭工作站。
（2）关闭计算机电源。
（3）依次关闭各模块的电源。

 ## 13.4　实物实验

13.4.1　仪器和试剂

（1）主要仪器：液相色谱仪（配备紫外检测器，250mm×4.6mm C18色谱柱）、微量进样器。
（2）试剂：苯、甲苯、乙苯、丙苯。

13.4.2　实验步骤

（1）流动相的配置。配置（甲醇：水＝8：2）的流动相500mL，超声脱气。
（2）标准溶液的配置。称取苯、甲苯、乙苯、丙苯各500mg溶于甲醇中，定容至50mL（母液，浓度为10mg/mL）。分别取200μL、400μL、600μL、800μL、1000μL母液放于5个50mL的容量瓶中，用甲醇：水=8：2的溶液定容，得到各组分浓度分别为0.2mol/L、0.4mol/L、0.6mol/L、0.8mol/L、1.0mg/mL的标准溶液。

（3）色谱条件设置。设定检测波长254nm，流动相流速1mL/min，进样量20μL。

（4）标准曲线绘制。测试不同浓度标准溶液，记录各组分保留时间与峰面积。

（5）未知浓度混合物中各含量的测定。测试未知浓度混合样品，记录各谱峰保留时间及峰面积，并计算出其中各组分浓度。

13.4.3　数据记录

（1）配制标准溶液，并测定各溶液中各组分对应的色谱峰面积，绘制标准曲线见表13-2。

表13-2　各组分色谱峰面积数据记录表

项目	0.2mg/mL	0.4mg/mL	0.6mg/mL	0.8mg/mL	1.0mg/mL	样品
A苯						
A甲苯						
A乙苯						
A丙苯						

（2）测定样品中各组分对应的色谱峰面积，根据工作曲线，得到各组分的百分含量。

13.4.4　实验结果与分析

贴上标准曲线及混合样品色谱图，附未知样品甲苯浓度计算过程。

13.5　思考题

（1）流动相为何需要脱气？常用的脱气方法有哪几种？

（2）实验中实现四种芳烃分离的原理是什么？

第 14 部分
核磁共振氢谱（^{1}HNMR）及结构鉴定

14.1　实验目的

（1）了解核磁共振仪结构、工作原理及特点。
（2）掌握核磁共振仪样品制备技术。
（3）熟悉核磁共振氢谱的实验方法、主要参数。
（4）学习一级 ^{1}HNMR 解析结构的方法。

14.2　实验原理

核磁共振指的是利用核磁共振现象获取分子结构、人体内部结构信息的技术。核磁共振是一种探索、研究物质微观结构和性质的高新技术。目前，核磁共振已在物理、化学、材料科学、生命科学和医学等领域中得到了广泛应用。

（1）核磁共振原理。在外磁场的作用下，磁性的原子核发生自旋能级的分裂，当用波长 0.1~100m 的无线电波照射磁场中的磁性原子核时，自旋核会吸收特定频率的电磁辐射，只有当自旋能级分裂产生的能量差与辐射能相等，即满足 $\Delta E = h\nu = h\dfrac{\gamma}{2\pi}H_0 = 2\mu H_0$，$^1H_1$ 从较低的能级跃迁到较高的能级，产生核磁共振，并在某些特定的磁场强度处产生强弱不同的吸收信号。以吸收信号的强度为纵坐标，以频率为横坐标作图，得到核磁共振波谱。具有磁性的原子核，处在某个外加静磁场中，受到特定频率的电磁波的作用，在它的磁能级之间发生的共振跃迁现象，叫核磁共振现象。由于不同基团的核外电子云的存在，对原子核产生了一定的屏蔽作用。核外电子云在外加静磁场中产生的感应磁场为：$H' = -\sigma H_0$，σ 为磁屏蔽常数。原子核实际感受到的磁场是外加静磁场和电子云产生的磁场的叠加：

$$\Delta H = H_0 - H' = H_0 - \sigma H_0 = (1 - \sigma) H_0 \quad\quad (14-1)$$

所以，原子核的实际共振频率为：

$$\nu = \frac{\gamma}{2\pi} (1 - \sigma) H_0 \quad\quad (14-2)$$

对于同一种元素的原子核，如果处于不同的基团中（即化学环境不同），原子核周围的电子云密度是不相同的，因而共振频率 ν 不同，因此产生了化学位移 δ，如下：

$$\delta = \frac{\nu_{样品} - \nu_{参考物}}{\nu_{参考物}} \times 10^6 \quad\quad (14-3)$$

（2）核磁共振仪。核磁共振仪按扫描方式分为两大类，即连续波核磁共振仪及脉冲傅里叶变换核磁共振仪。前者将单一频率的射频场连续加在核系统上，得到的是频率域上的吸收信号和色散信号。后者将短而强的等距脉冲所调制的射频信号加到核系统上，使不同共振频率的许多核同时得到激发，得到的是时间域上的自由感应衰减信号（FID）的相干图，再经过计算机进行快速傅里叶变换后才得到频率域上的信号。

14.3　虚拟仿真实验

14.3.1　样品配制

（1）在菜单栏中选择"场景切换—配样室"命令，将视角转换至配样室（图14-1）。右键单击核磁管弹出"样品配制"的命令，单击该命令向核磁管中加入样品和氘代溶剂（图14-2）。

（2）样品配制完成后，右键单击核磁管，弹出"插入转子"的命令，单击该命令，将核磁管插入转子中（图14-3）。

（3）右键单击插入转子的核磁管，弹出操作命令"插入定深量筒"，单击该命令，将核磁管放入量筒中，确认核磁管插入转子的深度（图14-4）。

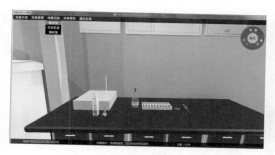

图 14-1　切换场景至配样室

图 14-2　单击样品配制

图 14-3　将核磁管插入转子

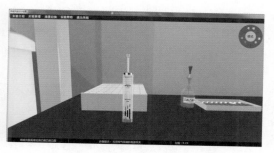

图 14-4　插入定深量筒

14.3.2　开空气压缩机

（1）在菜单栏中选择"场景切换—空压机室"命令，将视角转换至空压机房间，打开空压机电源开关，电源指示灯变亮（图 14-5）。

（2）打开 1 号机，气罐压力逐渐上升至 0.6MPa（图 14-6）。

图 14-5　打开空压机电源开关

图 14-6　气压上升至0.6MPa

（3）单击输出调节旋钮，将空压机输出压力控制在0.5MPa左右（图14-7）。

（4）打开输出阀门（图14-8）。

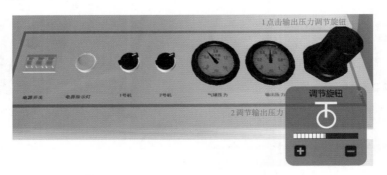

图14-7　控制空压机气压至0.5MPa左右

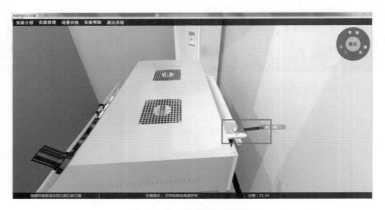

图14-8　打开输出阀门

14.3.3　开机

（1）视角转换至仿真现场中的机柜处，按下机柜上的绿色开关，打开总电源（图14-9）。

（2）打开计算机主机电源，单击计算机屏幕上的"Serial-COM1"快捷方式（图14-10），打开Serial-COM1（图14-11）。

图14-9　打开总电源

图14-10　单击Serial-COM1快捷方式

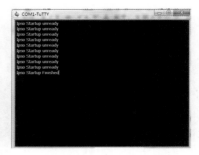

图14-11　打开Serial-COM1

（3）鼠标指向机柜门把手处，单击将机柜门打开（图14-12）。

依次打开机柜内部的AQS、BSMS开关，查看机柜Post Code显示  为正常，如果没有连上则显示 （图14-13）。

 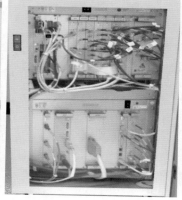

图14-12 打开机柜门

图14-13 依次打开AQS、BSMS开关并查看是否正常

（4）关闭机柜门。

14.3.4 测试

（1）打开Topspin3.2工作站，弹出工作站窗口（图14-14、图14-15）。

图14-14 打开Topspin3.2工作站

图14-15 Topspin3.2工作站窗口

（2）在命令行中输入edhead命令，按Enter键确定，单击合适的探头型号，单击 Connections 按钮选定；单击 Exit 或者关闭按钮，退出该窗口（图14-16）。

（3）单击 中的新建按钮 或者在命令行输入edc命令，按Enter键确定，建立实验目录，设置实验编号，溶剂类型及测试项目等，之后单击OK（图14-17）。

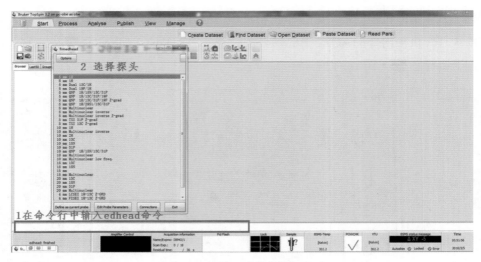

图 14-16　输入命令并选择探头

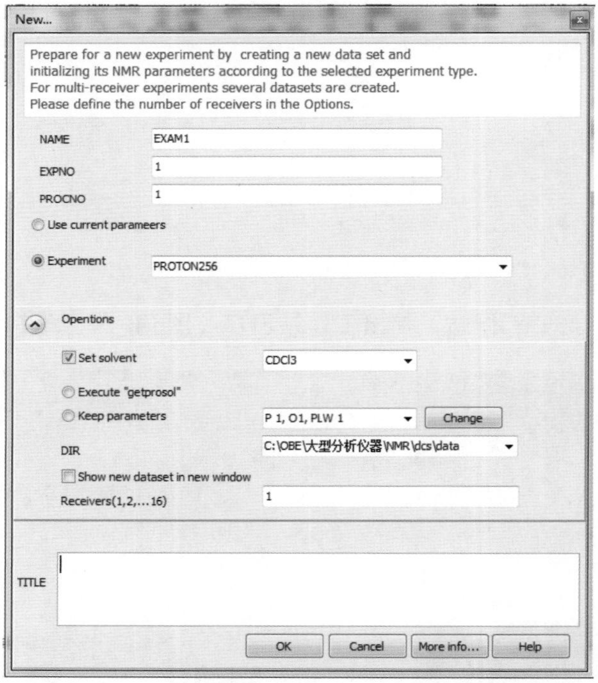

图 14-17　建立实验目录并设置相关参数

NAME——主要设定为实验名（如样品名、编号等），主要作为样品之间的区分。

EXPNO——实验号，必须设为数字，可设定的范围为 1~999999999，一般作为同一样品不同实验之间的区分，例如 EXPNO=1 为氢光谱，EXPNO=2 为碳光谱的区分方式，而所收集到的 NMR 资料（如 FID）将会储存于此资料夹下。

PROCNO——处理号，必须设为数字，可设定的范围为 1~999999999，主要作为同一实验不同处理方式的区分。

DIR——存盘目录。

Experiment——在下拉窗口中选择实验类型，氢谱选PROTON256；碳谱选C13CPD；磷谱：不去偶选P31，去偶选P31CPD。

Set solvent——在下拉窗口中选择所用溶剂。

TITLE——实验说明文档。

注意：该实验测试的是乙酰乙酸乙酯的氢谱，即Experiment目录下只有"PROTON256"选项才起作用。

填入各个信息，然后单击OK，选中实验文件，进入采样界面。

（4）命令行中输入ii命令对仪器进行初始化。

（5）输入ej上升气流命令，按Enter键确定。

（6）将场景切换至配样室，单击核磁管，弹出取下定深量筒的命令，单击该命令将核磁管取出；再次单击核磁管，弹出手动进样命令，单击该命令，将核磁管放入样品腔内（图14-18、图14-19）。

（7）返回至工作站，在命令行中输入ij命令，按Enter键确定，降低气流，在3D场景中右键单击核磁管落入命令，使样品管落入探头（图14-20）。

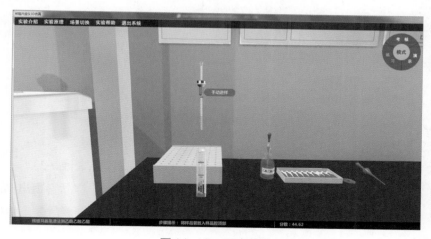

图14-18　手动进样

图14-19　将核磁管插入样品腔内

图14-20　使样品管落入探头

（8）在命令行中输入ased命令，按Enter键确定。在相应的目录文件夹下编辑实验参数（图14-21）。

注意：若样品浓度较稀须较长时间累加则将参数"NS"设为较大的值，若要采集较大的谱宽则将参数"SW"设为较大的值；DS、NS、SW具体数值根据教师要求进行填写，然后输入getprosol命令，按Enter键确定，读取参数。

（9）锁场。输入lock命令，按Enter键确定，选择相应的溶剂CDCl3，单击OK进行锁场（图14-22）。

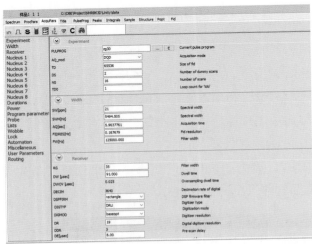

图14-21　编辑实验参数

图14-22　锁场

（10）调谐。输入atma命令，按Enter键确定，进行自动调谐。

（11）匀场。输入topshim命令，按Enter键确定，进行匀场。

（12）采样增益。输入rga命令，按Enter键确定，进行采样增益。

（13）输入zg命令，按Enter键确定，开始测试，得到谱图（图14-23）。

（14）测试完毕，输入ej上升气流命令，按Enter键确定，将样品管顶出样品腔。

（15）单击放置在样品腔的核磁管，弹出取出放回命令，单击该命令，将核磁管放回至配样室实验桌面（图14-24）。

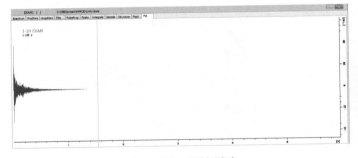

图14-23　开始测试

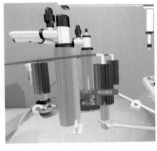

图14-24　将核磁管放回至
配样室实验桌面

（16）一维谱输入efp命令，二维图谱输入xfb命令进行傅立叶变换，得到谱图（图14-25）。

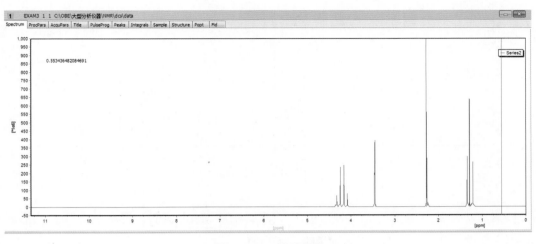

图14-25　得到谱图

14.3.5　分析

（1）光谱设置。设置光谱如图14-26所示。

图14-26　光谱设置按键

*8——光谱强度比例乘8。

/8——光谱强度比例除8。

*2——光谱强度比例乘2。

/2——光谱强度比例除2。

——光谱强度重设置视窗最适大小。

——放大光谱宽度。

——缩小光谱宽度。

——将光谱宽度重设置视窗大小。

——显示全光谱。

（2）谱峰标定。单击菜单栏中的 Process ，在二级菜单中单击 Pick Peaks ，进入如图14-27所示视图。

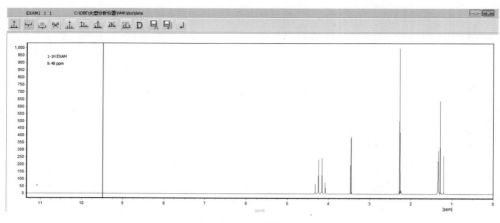

图 14-27　显示谱图

单击功能键 ⊔，鼠标若出现 ┃ 功能，则表示谱峰标定功能，再次单击 ⊔，取消该功能；标峰操作为选中想要标定的峰。

⩙——删除所有谱峰标记值。

⊟——将谱峰标定值存储后离开此模式。

⌟——未保存谱峰标定值离开此模式。

谱峰标定后如图 14-28 所示。

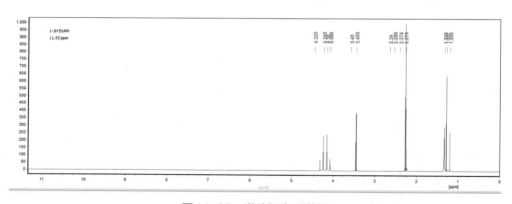

图 14-28　谱峰标定后谱图

（3）单击 ∫ Integrate ▾，在该积分下拉菜单中选择 "Auto-Integrate(int auto)" 命令，将图谱进行自动积分；单击 ⊔ 选择手动积分（图 14-29）。

⊔——单击此功能键，鼠标出现 ┃，则标明开启积分模式；再次单击 ⊔，取消此功能。该功能键具体操作：鼠标选中要积分的起始、终止位置，进行拖拽。

⩙——删除全部的积分区段。

⊟——保存积分并离开此模式。

⌟——不保存离开此模式。

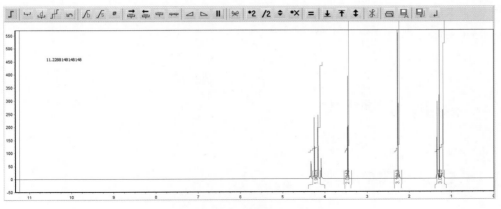

图14-29　对谱图进行积分

（4）单击 中的打印按钮，得到样品信息报告（图14-30）。

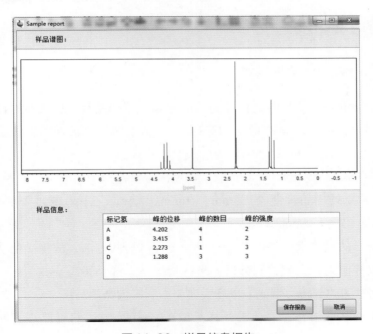

图14-30　样品信息报告

单击"保存报告"，在弹出的窗口中选择以保存路径，填写保存名字。

14.3.6　关机

（1）关闭空气压缩机。

（2）关闭软件Topspin3.2，关闭Serial-com1。

（3）关闭机柜内部开关（先关AQS，再关BSMS）。

（4）关闭机柜总开关。

（5）关闭计算机电源。

14.4 实物实验

14.4.1 仪器与试剂

（1）仪器：布鲁克400MHz核磁共振仪（型号：ADVANCE Ⅲ）；核磁管。

（2）试剂：氘代氯仿；乙基苯。

14.4.2 实验步骤

14.4.2.1 测样前的准备工作

（1）样品管的要求。核磁共振仪的样品管是专用样品管，由质量好的耐温玻璃制成，也有采用石英或聚四氟乙烯（PTFE）材料制成的。要求样品管无磁性，管壁平直、厚度均匀。

样品管形状是圆筒形的，样品管的直径取决于仪器探头的类型，外径可小到1mm，大到25mm。常见的样品管直径有5mm、10mm、2.5mm三种，长度要求大于150mm。本仪器使用的样品管是5mm。

（2）配制样品及要求。核磁共振是一种定性分析的方法，故样品的取样量没有严格的要求。取样原则：在能达到分析要求的情况下，样品量少一些为好，样品浓度不易太高，否则谱图的旋转边带或卫星峰太大，不利于谱图的分析。

通常固体样品取5mg左右，液体样品取0.05mL左右，将样品小心地放入样品管中。用注射器取0.5mL $CDCl_3$（氘代氯仿）注入样品管，使样品充分溶解，要求样品与试剂充分混合、溶液澄清、透明、无悬浮物或其他杂质。

14.4.2.2 测样阶段

（1）开机。

（2）标准样品放入磁场。将样品管插入转子，首先拿住样品管上部，把样品管放进转子。之后把转子放进一定深度的量筒，转子和量筒口紧密接触。轻轻把样品管往里推，保证中线上下的样品一样多。如果样品量大于中线到底座的距离的两倍，可以把样品管推到刚好接触量筒的底部。把样品管和转子放入磁体之前取下量筒。

由于样品的升降是由压缩空气来控制的，因此在放入样品时通过对这股压缩空气的开关来控制，将带样品管的转子放入磁体需要按以下步骤进行。

①在命令行输入"e"，打开压缩气体，等待磁体中有气流吹出，同时可以听到气流声音，这时如果磁体里有样品，样品就会慢慢升起并悬浮在磁体腔管上口，如果没有样品在磁体内，等待气流达到最大时（可以用手在腔口去感受气流的大小），手握核磁管上部，将样品放入磁体中，轻轻往下按压，确保样品已经被气流托住后方可松手。

②输入"i"命令关闭压缩空气，样品会缓慢落进磁体，进入探头中的位置。

注意：一是确保气流开启后才可放入样品，否则样品管直接跌至探头位置引起样品管破裂，损坏探头；二是由于核磁管的型号及生产厂家差别，核磁管的外径会有所不同，因此转子的选择也很重要，太松的转子会使得样品管在落入磁体过程中滑动，甚至在样品吹出过程中出现困难。

（3）锁场。核磁共振仪上的锁场是通过氘的信号实现的，样品通常是溶于氘代溶剂中测试，也为锁场提供了条件。单击"lock"命令，选择相应的溶剂 CDCl3 或其他，在放入样品之后，确认锁场，锁场过程需要几秒时间，等到窗口左下角的状态栏出现"lock finished"字样，并且锁场信号变为波浪的水平线，完成锁场。

（4）探头调谐。单击"probe match/Tune"→"Automatic…"→"OK"→"等待"→"atma linished"，完成探头调谐。

（5）匀场。单击"sampleRotation"→"start Rotaion"→"ron finished"→"sample"→"shim"→"topshim"→"OK"→"start"→"Close"结束。

14.4.2.3　采样参数设置

（1）单击"Acquistion pars"，调入采样参数表，可根据要求进行参数修改。

（2）测量结束：单击"Left——sample"。关电源，关气。

（3）NMR谱图的输出：键入"PLOT↙"进入绘图模式，画出满意的谱图，对谱图进行分析。

■ 14.5　思考题

（1）乙基苯的 ^{1}HNMR 中化学位移为 2.65×10^{-6} 处的峰为什么分裂成四重峰？化学位移为 1.25×10^{-6} 处的峰为什么分裂成三重峰？其峰裂分的宽度有什么特点？

（2）利用 ^{1}HNMR 谱图计算，可否计算两种不同物质的含量？为什么？

参考文献

[1] 黎兵，曾广根．现代材料分析技术[M]．成都：四川大学出版社，2017：321．

[2] 孙尔康，张剑荣，陈国松，等．仪器分析实验[M]．南京：南京大学出版社，2019：266．

[3] 张俊霞，王利．仪器分析技术[M]．重庆：重庆大学出版社，2015：307．

[4] 姚开安，赵登山．仪器分析[M]．南京：南京大学出版社，2017：282．

[5] 贾红兵，宋晔，王经逸．高分子材料[M]．南京：南京大学出版社，2019：255．

[6] 原现瑞．核磁共振波谱学的基本原理和实验[M]．石家庄：河北人民出版社，2019：357．

[7] 杨茜．原子吸收光谱法测定塑料食品包装材料中有害重金属[J]．现代盐化工，2023，50（3）：20-22．

[8] 闫力．激光粒度法测试粉末粒径分布准确性影响因素分析[J]．山东化工，2021，50（19）：138-139．

[9] 王运健．X-射线粉末衍射仪在材料化学专业实验教学中的应用[J]．山东农业工程学院学报，2020，37（7）：23-26．

[10] 段佳，罗永浩，陆方，等．生物质废弃物热解特性的热重分析研究[J]．工业加热，2006，（3）：10-13．

[11] 周广荣．低真空扫描电镜技术在材料研究中的应用[J]．分析仪器，2012，（6）：39-42．

[12] 柏杨．高效液相色谱法测定烟用水基胶中的苯系物含量[J]．科技风，2017，（17）：137．

[13] 包娜，谭红，谢锋，等．高效液相色谱法同时测定水中的苯系物[J]．贵州化工，2011，36（1）：34-37．

[14] Henrichon P. Gas Chromatography: History, Methods and Applications[M]. New York：Nova Science Publishers, Inc., 2020.

[15] M. H M, M. J M, H. N S. Basic Gas Chromatography[M]. Hoboken:John Wiley Sons, Inc., 2019.